真希望几何可以这样学

基础篇

[日] 星田直彦 著
周

机械工业出版社
CHINA MACHINE PRESS

《真希望几何可以这样学》是日本著名数学教育家星田直彦所著的数学科普经典，分为“基础篇”和“提高篇”，以小学高年级和初中阶段的学习内容为主，深入浅出地讲解了几何知识。本书为基础篇，分为平面几何基础、立体几何基础和打开证明之门三个章节。本书较为重视几何语言，在进入具体图形的学习之前，用大量篇幅详细讲解了定义、命题、条件、结论、公理、定理、性质等基本概念，有助于读者区分理解。

本书还将数学中的知识点用有趣的插画小故事表现出来，富有趣味性。不管是对几何略显懵懂的中小学生，还是想要重温几何基础的成年人，抑或是有教学需要的老师和家长，这本书都会是你的最佳选择，相信你能从中体会到数学的乐趣！

图书在版编目（CIP）数据

真希望几何可以这样学. 基础篇 /（日）星田直彦著；周洁如译.
— 北京：机械工业出版社，2022.9（2024.7重印）
ISBN 978-7-111-71522-1

Ⅰ. ①真…　Ⅱ. ①星…　②周…　Ⅲ. ①几何-普及读物　Ⅳ. ①O18-49

中国版本图书馆CIP数据核字（2022）第163240号

机械工业出版社（北京市百万庄大街22号　邮政编码100037）
策划编辑：蔡　浩　　　　责任编辑：蔡　浩
责任校对：史静怡　王明欣　　责任印制：邓　博
北京盛通印刷股份有限公司印刷

2024年7月第1版·第4次印刷
130mm×184mm·7.5印张·155千字
标准书号：ISBN 978-7-111-71522-1
定价：59.00元

电话服务
客服电话：010-88361066
010-88379833
010-68326294

网络服务
机　工　官　网：www.cmpbook.com
机　工　官　博：weibo.com/cmp1952
金　书　网：www.golden-book.com
机工教育服务网：www.cmpedu.com

前　言

各位喜欢几何、抵触几何的朋友们，大家好。

距离我的上一本书——《快乐学习数学基础》的出版已经过去了4年半。作为一名普通的数学老师，我很荣幸它能广受好评，甚至多次加印。之前还有很多朋友跑来问我，什么时候出版同一系列的几何部分，着实让我受宠若惊。

这本书，也就是《真希望几何可以这样学（基础篇）》，讲解的都是几何学习"基础中的基础"，以小学高年级和初中阶段的内容为主，只少量掺杂了一些高中阶段的内容。㊀

不过你可别小看它哦！

有任何一点含糊不清或是理解错误的地方，都会让你"不知所云"或是"昏昏欲睡"。

还有一点要提前告诉大家的是，书中所强调的内容，可能与学校老师所认为的"重点"有所偏差，或者"重要"的程度有所不同。

㊀ 本书中具体知识点所属的学习阶段以日本的教学大纲为准，与我国可能存在差异。——编者注

那么，这本书面向哪些读者呢？

① 紧跟时下数学热潮，希望轻松学习相关知识的人；

② 想重新夯实几何基础的成年人；

③ 辅导孩子学习几何基础的家长朋友；

④ 苦恼于如何绘声绘色讲解知识的老师；

⑤ 想从头学习几何知识的高中生、大学生。

为充分满足目标读者群体的需要，我特意将创作重点放在了“轻松、趣味阅读”上，完全践行“基础中的基础”这一宗旨。其中举的一些例子（有些确实过于荒唐了，我在此先行道歉）和吉田熏老师所配的插图，相信也能在一定程度上帮助大家进行理解。

其实在几何学习中，“语言”是非常重要的一个因素，这一点在正文中也会有所提及。你没有看错，不是图形，也不是计算，而是语言。即便是使用同一种语言进行交流，人与人之间也会存在理解上的偏差。而在数学世界中，由于语言问题，很多人对于“直线”“等腰三角形”等概念的理解都是错误的。

在正式进入几何讲解前，书中有大量篇幅用于解释定义、命题、条件、结论、公理、定理、性质等概念。这些词在其他的（初中阶段）几何图书中也时有出现，但往往只是一笔带过。本书将在详细阐释这些概念的基础上，对几何学习的基础内容进行透彻的讲解。

开始着手创作本书之前，我设想了很多内容，还想多加些插图，尽量解释得更详细……结果就是到正式动笔时也没有想得太清楚，直到把想写的内容写了三分之一后，我才发现自己想写的实在太多了。

于是我便去和科学书籍编辑部的负责人商量，最终决定将这本书分为基础篇和提高篇两册。

我当时很兴奋，以为自己可以一展拳脚，大写特写了。可没想到的是，最后定稿的这两册，依然是在我删了又删、减了再减之后才勉强浓缩在规定篇幅之内的。

虽然很遗憾由于篇幅原因，很多内容最终没能放进来，但我秉着“基础中的基础”这一宗旨，在可读性方面精益求精，所以我对它还是很有信心的。我相信，只要你认真阅读，本书一定会让你有茅塞顿开之感。

正如前文所述，本书面向的群体主要是成年人。但它对于初中生（还有小学生）也是大有裨益的，尤其适合父母陪孩子一起阅读（乐趣加倍哦）。希望本书能成为每个家庭里亲子对话的一座桥梁（即刻收获三倍乐趣）。

最后，我要感谢科学书籍编辑部的益田贤治总编，感谢他不辞辛劳，一直与我沟通文稿及插图的相关事宜。我还要感谢奈良教育大学研究生院的上村智志、富泽翔太同学帮助我进行书稿校对。非常感谢。

2012 年 11 月 星田直彦

目　录

CONTENTS

第1章

平面几何基础

欧几里得（约公元前 325—前 265）

古希腊数学家，著有数学经典《几何原本》，被称为“几何之父”。

基础篇 定义 这么近，那么远

关键词！……定义、充分必要

你的意思能否准确传达?

在几何学习中，最重要的是什么？

答案就是——语言。作为一本几何基础学习书籍，这样的表述可能会让你有点疑惑，但我是认真的。请大家一定要注意正确理解和使用语言。

在日常生活中，家长经常会让孩子帮忙跑腿买东西，可买回来的却往往不是家长想要的。

有时候明明说了买两块豆腐，结果只买回来一块；有时候是错把老豆腐买成了嫩豆腐……

出现这样的问题，一定有其背后的原因。

是孩子没有认真听父母的要求吗？有这种可能。

但也并不绝对，也可能是家长没有说清楚要买的数量、价格和种类。尤其是种类，即便家长说了，孩子听了，那也

还存在一种可能，就是孩子根本不知道怎么区分老豆腐和嫩豆腐。

交流的障碍

有时候我们虽然用的是同一个词，但在交流中总感觉存在一些障碍，在这种情况下，我们往往会脱口而出：

“你说的○○到底是什么意思！我说的○○是这个意思！”

这能让我们最终理解对方的意思，但可能因此浪费很多时间。而且在很多情况下，双方到最后依然是一头雾水。

所以在数学世界中，为了避免这种情况发生，我们会尽量使用更严谨的语言，让交流更顺畅。

说到这里，就不得不提到“定义”了。定义就是明确规定一个术语或概念具体内容的句子或式子。

我们解不出或证明不出一些几何问题，往往不是因为计算错误，而是因为对其中涉及的一些概念理解不透彻。

小试牛刀下定义

下面我们就以等腰三角形为例来具体讲讲。大家知道等腰三角形的定义是什么吗？

每年我问学生这个问题的时候，都会得到一堆答案，五花八门。其中最典型的就是“有两条边相等，两个角相等”。每次听到这里，我都忍不住想逗逗他们，于是便在黑板上画出一个四边形，同样满足有两条边相等、两个角相等的条件，然后问他们：“那照你们这么说，这个也是等腰三角形喽？”

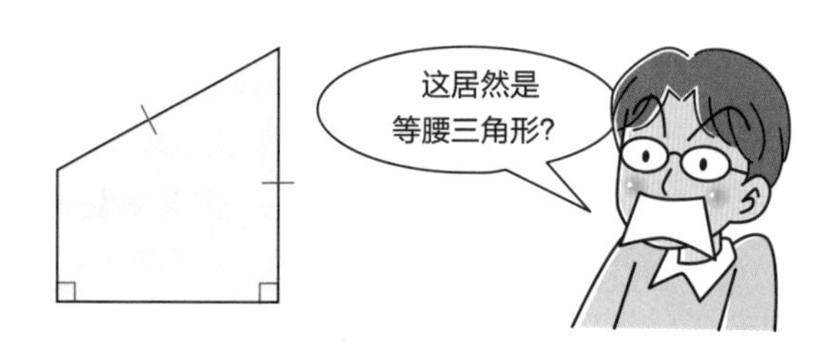

“老师，这是四边形！”

“但这完全符合你们刚刚说的条件啊。‘有两条边相等，两个角相等’，不是吗？”

这时他们就会发现自己漏了一些条件。

是不是觉得我这样做有点恶作剧？没办法，都是为了吸引同学们的注意力嘛。

然后就会有其他同学站出来，“应该是有两条边相等，同时有两个角相等的三角形，对吧？”

最后加了限定词“三角形”，进步很大。不过，还差那么一点点。

什么是“等腰三角形”？

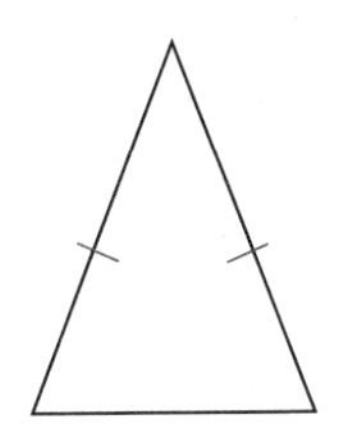

等腰三角形的正确定义是：

有两条边相等的三角形…… ①

这一定义并没有特别强调“两个角相等”，因为从三角形两边相等就能推导出两内角相等。

定义最好是简洁明了、毫无冗余的。既不能说得太多，又不能说得太少。这种恰到好处、点到即止的表达方式，在数学中被称为“充分必要”。

下次要是有人问你等腰三角形的定义，你可以简洁明了地告诉他“就是有两条边相等的三角形”。

（补充）

有两个角相等的三角形…… ②

这样下定义也是可以的。不过在这种情况下，它就不应该叫等腰三角形，而是应该叫等角三角形了。

同样，从这一定义也能推导出三角形两边相等的结论，在数学当中两者完全可以相互转换。

基础篇

原始概念

差不多就是这个意思。你懂的！

关键词！……原始概念

 什么是“直角”？

什么是“圆周率”？

——是约等于 3.14 的一个数

——是圆的周长与直径的比

那什么是“直角”？

——是 90° 的角

——是平角的一半

两组问答中，第二个答案分别是圆周率和直角的定义，而第一个答案仅仅是对两个名词数值上的解释。对于初中生和小学生来说，两者是很难区分的。

可能有些人会觉得这种区分没有必要，但这种“没必要”的想法恰恰就是几何学习中的大忌。

要理解这些定义，我们首先要重新明确对“圆”“直径”“平角”等概念的定义。

当我们在对某一事物 A 进行定义时，我们所使用的所有概念都是要先有明确定义的。

什么是“平角”？

平角

——是两条射线向相反方向延长，形成一条直线时，两射线的夹角。

这一定义的前提，是我们要先对“射线”“直线”“角”做明确定义，并不断深究下去。对于“射线”和“角”，我们还是可以下定义的。

什么是“射线”？

——直线上的一点将直线分为两部分时，每一部分都分别构成一条射线。

什么是“角”？

——是从一点发出的两条射线形成的图形。

原始概念

再往下，就该寻找“直线”的定义了。既然已经到了这一步，我们不妨再多想想。欧几里得几何学是这样解释的。

什么是“直线”？

——由均匀分布的点组成的一条线。

什么是“点”？

——是没有部分的存在。

什么是“线”？

——是没有宽度、只有长度的存在。

到这里就有些不知所云了。什么叫“均匀分布”？什么是“宽度”“长度”“部分”呢？

如果将“部分”定义为“将整体分割后得到的其中一块”，那我们又要对“整体”进行定义。

“整体是部分的集合”——这就成了循环论证。

看来定义深挖到这里，已经到极限了，没有必要再继续讨论下去。

但我们的学习又不能缺少概念，所以就出现了一些无须定义即可使用的基本概念，它们被统称为“原始概念”。

原始概念就是无须定义即可使用的概念。

举例有碍理解？

介绍了这么多细节问题，是不是有点累？所以说啊，数学老师这个职业真的是招人烦。

有些学生甚至会和我说，“我就是因为这些才讨厌几何的，解二次方程比这个有意思多了！”对此，我深表理解。

我们来看下面这两句话。

像 −3 和 −8 这样的数叫负数。

比零小的数叫负数。

刚上初中的同学可能更容易接受前者。虽然后者才是负数的正确定义，但乍一看的确不好理解。所以初中课本里一般都这么描述：

像 −3 和 −8 这样小于 0 的数叫负数。

在举例的基础上给出定义，就好懂多了。怎么样，是不是感觉这个办法还不错？

可这个时候又要有人问了，“那照这么说，−3.14 就不叫负数了吗？”

你也不知道他是真的没搞懂，还是故意要添乱。可不管怎么说，还是得回答人家，“当然也是。不管有没有小数部分，只要是比 0 小的，都叫负数。”

结果人家又会吐槽：“那举例的时候也要举个是小数的啊。”

这样一来，最开始的说明就要改成：

像 −3、−8 还有 −3.14 这样小于 0 的数叫负数。

这下又有人要问了，“这么说的话，$-\frac{1}{2}$就不叫负数了吗？”

这样下去没完没了。例子就是例子，不管是举 10 个还是 100 个，都不可能涵盖所有情况。

理解定义的两大难关

虽然刚才吐槽过举例子的方法，但我还是得给大家举个例子。

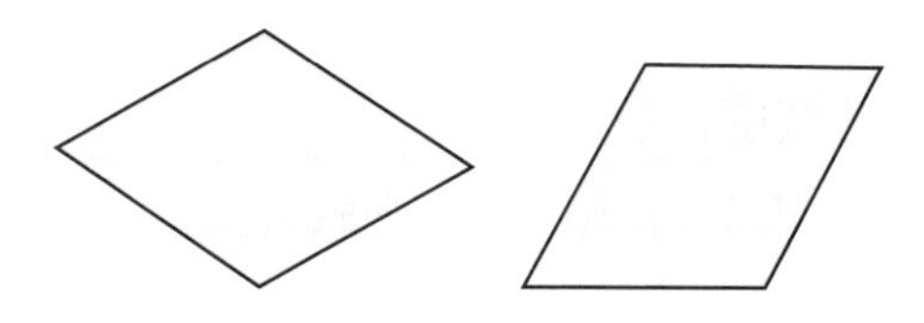

上图中的两个四边形大小、形状都相同（全等），只是呈现的角度有所不同。但很多同学会把左边的图形叫作菱形，把右边的图形叫作平行四边形。

之所以出现这种现象，就是因为他们理解图形是靠例子，而非定义。

也就是说，他们对概念的掌握更多的是凭一种感觉（当然这种感觉也很重要），觉得“差不多就是这么个意思”。这样一来，就很容易被老师给出的例子所束缚。

这里我要再次强调，语言在几何学习中是非常重要的。它的第一个难关就是定义。

这一难关又分为两个关卡，一个是要培养新的习惯，用

极为严谨、准确的语言去表述一些我们从来没有认真思考过的东西。另一个就是要理解这样做的目的。

培养习惯这一点可以通过我们后续的讲解和学习来完成，但后者才是我们几何学习过程中更大的拦路虎。所以在本节的最后，我们来谈谈为什么要这样做。

先来回顾一下等腰三角形的定义。

有两条边相等的三角形叫等腰三角形。

按照这个定义，我们可以判断出任何一个图形是否是等腰三角形，是不是超厉害！

这正是因为它对等腰三角形这一图形做了非常明确的定义。

有很多人可能会觉得所谓的定义好像是理所当然的，没什么必要再进行详细的说明。有这种想法往往是因为你已经掌握了正确的定义。

在今后的几何学习中，我们会做很多证明。在此之前，我们要对每一个概念和图形的性质做极为细致的分解。而分解到最后得到的原始概念，就是我们之后要讲的“公理”。

解决了概念的问题，下面就要进入正题喽！

基础篇

命题　如何回答“你高吗？”

关键词！……命题、反例、条件、结论、逆命题、等价、否命题、逆否命题

什么是“命题”？

在数学中，能够判断真假的句子（内容）叫作“命题”。下面我们举几个例子来具体说明。

① 我个子高。

这句话不是命题。因为“我个子高”是一个模糊不清的描述，无法判断正确与否。如果把它改成“我的身高超过170cm”，它就会成为一个命题，因为它可以判断真假。

② 平行四边形的两组对边分别相等。

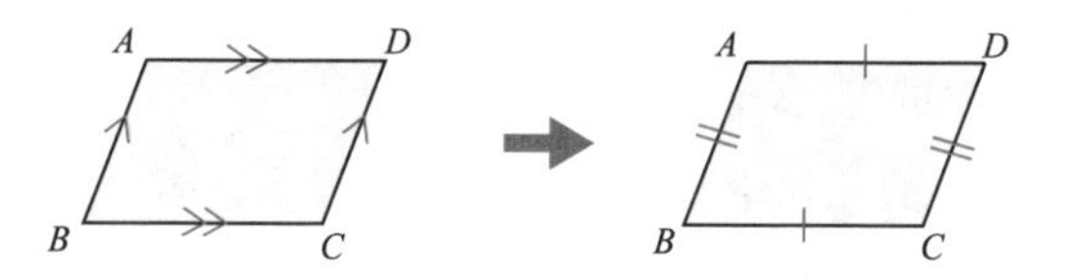

这句话是可以明确判断真假的，所以是命题。而且它属于命题中的一种——“真命题”。

被证明的命题中有一些比较常用的，我们一般称之为“定理”，之后会在“定理”这一节中做详细解释。

③ 若 x 是 10 的倍数，则 $x=10$。

这句话也是命题。但它的描述是错误的，所以是“假命题”。

要想证明命题是错误的，不需要过多的解释，只要举出一个证明其错误的例子（反例）就可以。对于这个命题，我们就可以说“$x=20$ 时，也是 10 的倍数”。

条件与结论

下面我们再把命题掰开揉碎了讲一讲。

在“若 A 则 B”这一命题中，A 叫作“条件”，B 叫作“结论”。比如刚刚的命题③，“x 是 10 的倍数”是条件，“$x=10$”是结论。

命题	若 A	则 B
	条件	结论

④ 等边三角形的三个角都是 60°。

这个命题当中并没有出现“若”和“则”，我们可以自己加上。

④′ 若一个三角形是等边三角形，则它的三个角都是 60°。

这样一来，命题的条件和结论就变得非常清晰。

⑤ n、m 均为正整数，若 $n < m$，则 $n^2 < m^2$。

在这一命题中，“n、m 均为正整数”且“$n < m$”是条件。

逆命题

下面我们试着调换一下命题中的条件和结论。

将“若 A 则 B”这一命题改写为“若 B 则 A”。此时的新命题被称为原命题的逆命题。

“若 A 则 B”这一命题，可以简写为“A ⇒ B”。“A ⇒ B”和“B ⇒ A”互为逆命题。

原命题	A ⇒ B
逆命题	B ⇒ A

前面命题③的逆命题是：

若 x=10，则 x 是 10 的倍数。

这个命题是正确的（真命题）。

原命题是假命题，而逆命题却是真命题。命题②的逆命题则与原命题一样，都是真命题。所以，原命题的真假并不能决定其逆命题的真假。

原命题为真，逆命题不一定为真！

若“A ⇒ B”与“B ⇒ A”同时成立，则称“A 与 B 等价”。大家先记住这句话。

否命题

对于“若 A 则 B”这一命题来说，“若非 A 则非 B”这一命题叫作它的“否命题”。

“非 A”可以用 $\neg A$ 或者 $\overline{A}$ 来表示。

原命题	$A \Rightarrow B$
否命题	$\overline{A} \Rightarrow \overline{B}$

原命题和否命题的真假不一定相同。也就是说，即使原命题为真，也并不代表它的否命题一定为真。

我们以下面的命题⑥为例进行思考。

⑥ 若您是女性，则可以入场。
$\overline{⑥}$ 若您不是女性，则不可以入场。

即便命题⑥为真，也不能直接判断其否命题是否为真。
因为命题⑥只强调了女性可以入场，并没有提及男性。

所以如果真的看到了这样的提示，还请各位男同胞们冷静，不要急着上火。

逆否命题

对于“若 A 则 B”这一命题来说，“若非 B 则非 A”这一命题叫作它的“逆否命题”。

原命题	$A \Rightarrow B$
逆否命题	$\overline{B} \Rightarrow \overline{A}$

原命题与逆否命题真假性相同。所以当我们碰到很难证明的命题时，可以选择证明它的逆否命题。

原命题、逆命题、否命题、逆否命题的关系如下图所示。

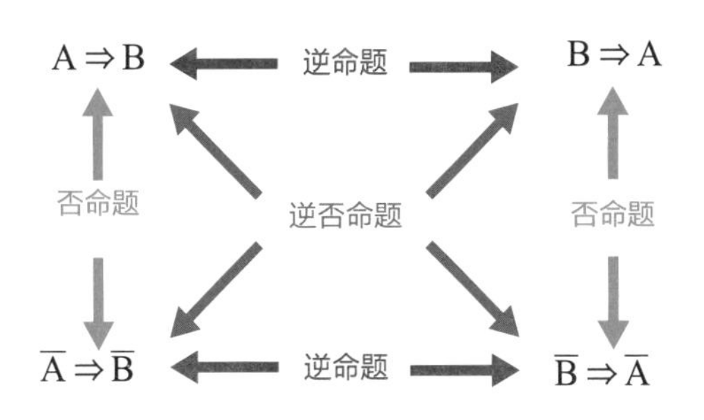

基础篇

公理　因为太过理所当然而难以解释的存在

关键词！……公理、一般公理、欧氏几何、非欧几何

无法证明，但必须承认

我们以下面这句话为例。

过不同两点，能且只能作一条直线。

看到这里你肯定会想，“这还用说？我完全理解。”但我们必须要有这样一种精神，要敢于质疑大家公认的一些事实，并且设法去证明它。但很可惜，不论你如何钻研，也无法证明上面这句话是真的。

但如果因为无法证明就否认它的话，我们是难以进步的。因此，数学中存在一些不需要证明的“前提”条件，它们被称为“公理”。

词典中对公理的解释如下：

> **公理**
> 经过人类长期反复实践的检验，不需要再加以证明的命题。

事实上，中学数学中的几何都是建立在以下几条公理之上的。

公理

1. 过不同两点，能且只能作一条直线。
2. 有限长的线段可以无限延长成一条直线。
3. 以定点为圆心、定长为半径，可作一圆。
4. 凡直角都相等。
5. 同一平面内的两条直线被第三条直线所截，如果同侧两内角和小于两直角和，则两条直线无限延长后会在该侧相交。

一般公理

以上 5 条公理是欧几里得几何学（欧氏几何）的基础，出自古希腊数学家欧几里得的巨著《几何原本》。繁复庞杂的几何学，就建立在这短短的 5 条公理之上。其精简扼要，令人惊叹。

除了这 5 条几何公理外，欧几里得还提出了以下一般公理[一]。

[一] 严格来说应该称为公设，公理是许多科学分支所共有的，而各个科学分支的公设是不同的。但近代数学对两者不再加以区分，都称为公理。

一般公理（公设）

- 等于同量的量彼此相等。
- 等量加等量，其和相等。
- 等量减等量，其差相等。
- 彼此能完全重合的物体是全等的。
- 整体大于部分。

这些东西所有人都知道，也很少有人去质疑，所以并没有收录到初中课本里。

人们往往觉得没有人会去质疑的东西，就没有必要专门印在书里。但我现在把它们放在这里，就是要告诉大家它们的重要性。

这几条公理适用于整个数学领域而非仅限于几何，它们是不证自明的事实，在证明中可以作为论据来使用。

欧几里得

不存在的平行线？！

我们再来回顾一下前面所说的公理。相信大家也都注意到了，其中第 5 条又长又绕，所以接下来我们利用画图来做详细解释。

公理 5

同一平面内的两条直线 m、n 被第三条直线 l 所截，如果同侧两内角和（$\angle A+\angle B$）小于 180°，则直线 m、n 无限延长后会相交于 $\angle A$、$\angle B$ 所在一侧。

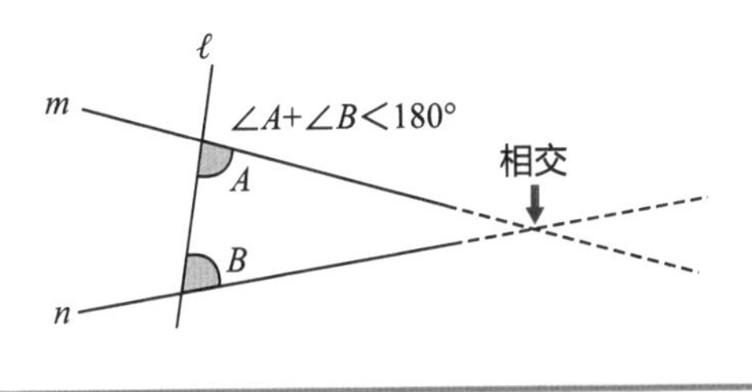

很长一段时间里，人们对这条公理都是充满质疑的：

- 是不是能表达得更简洁？
- 是不是能用其他 4 条公理证明得出？

经过种种研究，人们发现这条公理与以下命题等价，它也被称为平行公理或平行公设。

平行公理

过直线外一点，有且只有一条直线与这条直线平行。

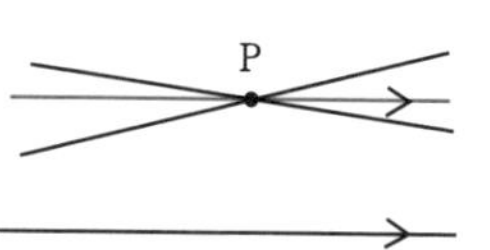

但我们还是无法证明上面的第 5 条公理。甚至当我们对其进行否定，也就是假设

- **过直线外一点，没有任何直线能与这条直线平行**
- **过直线外一点，有无数条直线与这条直线平行**

成立时，在某些几何体系中依然是毫无矛盾的。这些几何体系被称为非欧几里得几何学（非欧几何）。

内角和大于 180° 的三角形？！

此外，第 5 条公理还等价于以下命题：

- 两直线平行，内错角相等。
- 三角形的内角和等于两直角和（180°）。

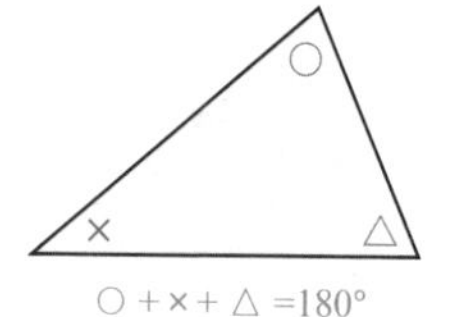

○ + × + △ =180°

但在非欧几何中，三角形的内角和有可能大于 180°，也有可能小于 180°。

看到这里，一定会有人说，“三角形的内角和怎么可能大于 180°！我想象不到！”但这种现象其实就在我们的生活中。

比如，我们可以在地球仪上画一个三角形。0° 经线（本初子午线）、东经 90° 经线和赤道，这 3 条线构成一个（球面）三角形。它的内角和足足有 270°！比 180° 要大得多。

欧氏几何与非欧几何之间，并非一个正确，一个不正确，它们是完全不同的几何体系。总的来说，欧氏几何建立在平面上，非欧几何则建立在曲面上。当然，本书后面涉及的内容均为欧氏几何。

汝甚有可为

初中课本里虽然不会出现“公理”，但却一定少不了“定理”。从广义上来说，定理其实就是

已被证明为真的命题。

但从狭义上来说，我们只把其中非常重要、使用频率较高的一部分称为“定理”。

“汝甚有可为。极好，有‘定理’之资！”

- 对顶角相等。
- 三角形的内角和等于两直角和（180°）。
- 等腰三角形的两底角相等。

以上这些都是定理。

它们都十分有用，哦不对，应该说是必不可少的存在。出于对其重要性的考虑，有一些定理还有专有名称。

定理 勾股定理

在两直角边长分别为 a、b，斜边长为 c 的直角三角形中，

$$a^2+b^2=c^2$$

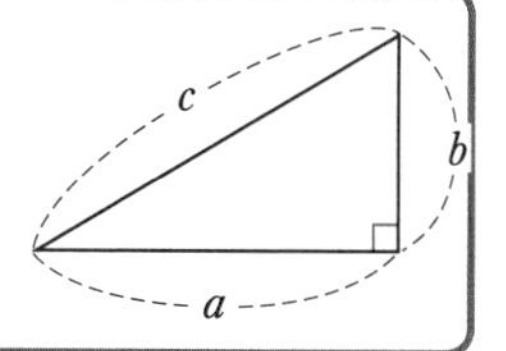

此外还有：

- 中位线定理
- 弦切角定理
- 泰勒斯定理
- 梅涅劳斯定理
- 塞瓦定理

……

本系列图书以方便记忆为第一目标，所以书中会出现一些我自己命名的定理。请大家注意，这些名称并不是普遍通用的，比如……

- 天使之翼定理
- 拖鞋定理
- 狐狸定理
- 葫芦定理

定理 天使之翼定理

如右图所示，点 E 为直线 AD、CB 的交点，则

$$\angle A+\angle B=\angle C+\angle D$$

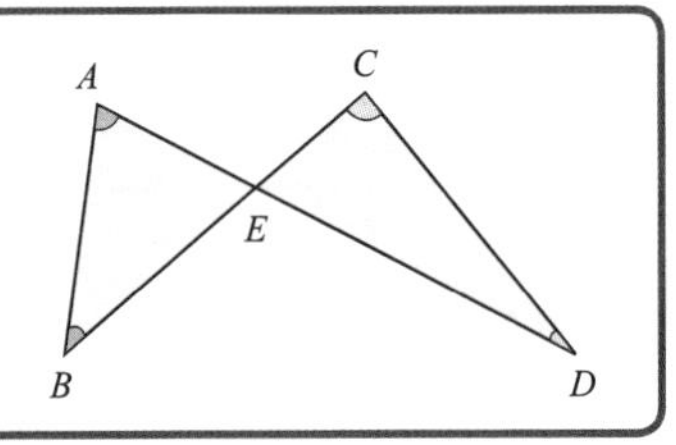

现在就是使用定理的时候！

大家知道角色扮演游戏（Role-playing game，RPG）吗？就是由玩家来扮演故事中的主人公，经过一系列挑战，最终达成目标的一种游戏。

主人公通过与怪兽等敌人的战斗来增长经验值，经验值达到一定数值后可以升级。升级的同时，主人公还能获得相应的道具、装备和魔法。利用这些升级奖励，主人公能进一步提高经验值，如此循环往复。

我觉得这个过程和几何学习十分相似。通过学习我们会掌握新的定理，这些定理就像游戏中的“魔法”一样，能够帮助我们解决新的问题。

在游戏中，我们能够根据敌人的特点，选择火系或冰系魔法，并将其发挥得淋漓尽致。遇到实力强劲的对手时，还会在战斗前使用催眠或是其他降低对方攻击力的魔法，实在令人赞叹。

定理也是如此。即便你掌握了很多，但关键时候用不出来，或者用的地方不对，它们将毫无用处。

“现在就是施展魔法（定理）的时候！”

在记住定理的同时，大家还要明确它适用的场景，也就是培养自己“实战的感觉”。

喜欢游戏的同学对这一点肯定早已习以为常，相信几何的学习也难不倒你们。

基础篇

性质、判定

不要把定义、性质、判定混为一谈哦！

关键词！……性质、判定

就是喜欢你这点

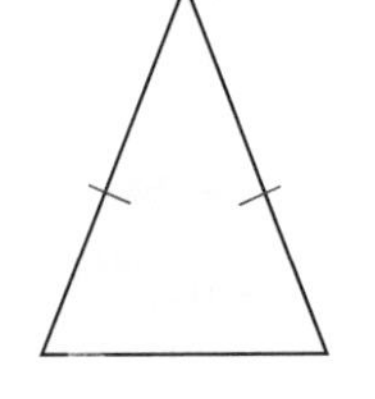

在有关定义的学习中，我们提到了等腰三角形，还记得它的定义吗？

有两条边相等的三角形叫等腰三角形。

以这个定义为起点，我们来考察等腰三角形本身，也就是说，一个三角形如果是等腰三角形会如何呢？

如果是等腰三角形就一定具备这种特点。
如果是等腰三角形就一定具备那种特点。

其中的“这种特点”“那种特点”，在数学中叫作“性质”。在这里，这些特点指的就是等腰三角形的性质。

等腰三角形最显著的性质就是：

等腰三角形两底角相等。

但总有人会混淆“定义”和“性质”。

当有人问你“什么是等腰三角形？”时，他问的是定义。如果你回答“两底角相等”，那就答非所问了。

我要如何成为你?

我们再来重复一遍等腰三角形的定义，大家千万别嫌烦。

有两条边相等的三角形叫等腰三角形。

这次我们将这一定义作为最终要达到的目标，也就是说，去思考“怎样才能成为等腰三角形”。

如果具备这种特点，就一定是等腰三角形。

如果具备那种特点，就一定是等腰三角形。

其中的“这种特点”“那种特点”，在数学中叫作“判定”或“判定条件”。在这里，这些特点指的就是等腰三角形的判定条件。

等腰三角形最显著的判定条件就是：

有两个角相等的三角形是等腰三角形。

如果你与一个陌生的三角形狭路相逢，经过仔细观察，你发现它有两个角是相等的，那就能说明它是等腰三角形了！

在接下来的学习中，我们还会遇到很多类似的判定条件，比如：

- 平行线的判定条件
- 三角形全等的判定条件
- 三角形相似的判定条件
- 平行四边形的判定条件
- 长方形的判定条件

……

定义、性质、判定的总结

为了避免大家混淆定义、性质和判定这几个概念，我专门做了一幅图。将图中的“等腰三角形”替换成“平行四边形”，就能表示平行四边形的相关学习内容了。

学习一个新的几何图形时，需要从以下三个角度出发：

定义……○○是什么?

性质……○○一定具备的特点是?

判定……什么样的图形才能被称为○○?

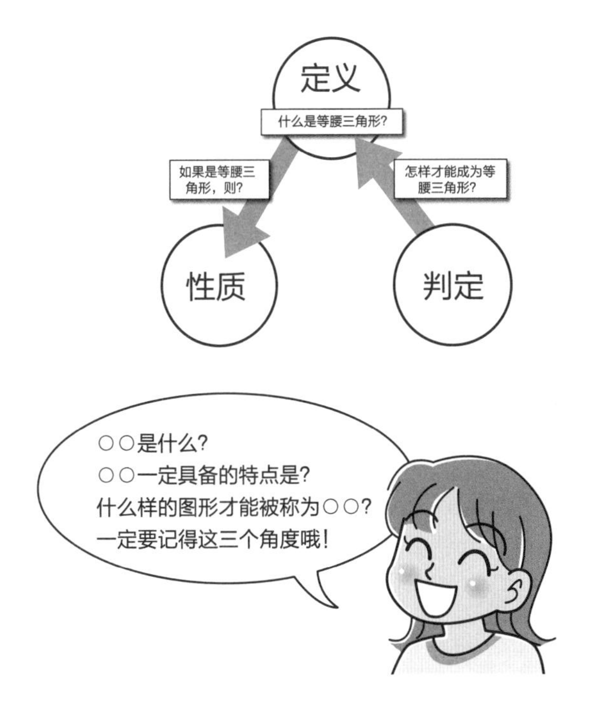

基础篇 证明

证明就是将起点（条件）和终点（结论）连接起来的过程

关键词！……类推、归纳、实证、演绎、论证、证明、△

顽强奋斗的小强

小强今年上小学一年级，他的同桌是阿花。

他觉得，“我超爱吃咖喱饭，所以阿花肯定也超爱吃。”

听起来是不是有些牵强？先别急着嘲笑他。他的这种思考方式叫作“类推（类比推理）”，很多成年人也会这样思考。比如，新开发的药物对猴子有效，那很可能对人也有效。

小强没有放弃寻找答案，他发挥自己绝佳的行动力，对班上除了阿花之外的同学做了询问和调查。

然后他得出了结论，“除了阿花之外，班上其他同学都超爱吃咖喱饭。所以不管是阿花，还是世界上所有的小学一年级学生，肯定都超爱吃咖喱饭！”

可惜的是，虽然小强已经很努力了，但这样的结论依然有些牵强（虽然也有一定说服力……）。他的这种思考方式叫作“归纳”，即通过一系列单个事件推导出命题或法则。简单来说就是从“特殊”到“一般”。

归纳的局限性

通过实际操作来证明自己的观点，这种方法叫作“实证”。比如，为了证明“三角形的内角和等于180°”，用纸剪出1000个形状、大小各不相同的三角形。这就是实证的研究方法。

然后测量每个三角形的内角和，如果全都是180°，是不是就能说明命题正确了呢？并不是，即便这1000个三角形都满足命题，但谁都不能保证第1001个三角形也满足。这就是归纳的局限性。

再回到前面小强的例子，虽然“超爱吃”这个概念有些模糊，但通过这个例子，你是不是对“类推”和“归纳”有了更清楚的认识呢？

实证也有局限性

大家有没有觉得很疑惑，小强为什么不直接去问阿花呢？确实，这其实才是上上策。

即便阿花的答案是肯定的，但小强可能还是无法完全接受。因为阿花可能是为了照顾小强的心情才这么回答的，并不能完全反映真实情况。

再说我们刚刚举的证明三角形内角和是 180° 的例子，其实也是脱离现实的。因为在实际测量中必然会存在误差，我们得到的只是一个大概的数字，无法做到精确测量。所以别说是 1000 个了，哪怕只是对一个三角形进行实证研究，也是十分困难的。

演绎推理

如此，我们便发现了归纳和实证的局限性，那还有没有其他办法呢？有，那就是通过“演绎”进行论证。

演绎法就是——只要前提成立，就能必然地得出结论。

我们假设：

苏格拉底是一名被毒杀的哲学家

这一前提成立，便能得出：

有的哲学家是被毒杀的

这一结论。

我们可以将公理作为论据得出新的结论，再将这些结论作为定理继续得出新的结论。几何学的发展其实就是这样的一个过程。

数学中的证明，其实就是将公认成立的事实作为论据，由条件（起点）推导出结论（终点）的过程。

烦人的证明

几何问题大概可以分为三大类：

- 计算……求长度、角度、面积、体积等。
- 作图……用圆规、直尺等工具绘制图形。
- 证明……由条件推导出结论。

经常有人说，“我就是因为证明才讨厌几何的。”想必有些同学也是如此，只喜欢计算和作图这两部分。

证明就是将起点（条件）和终点（结论）连接起来的过程，只有明确起点和终点，才能进行后续的操作。下面我们举一个简单的例子。

请问下面这个命题的条件和结论分别是什么？等腰三角形两底角相等。

条件……等腰三角形

结论……两底角相等

如果不知道其中的“等腰三角形”和“底角”等概念的定义，证明便很难进行。反过来说，充分理解了这些概念的人，可以很快掌握证明的技巧。

理解数学概念

下面我们试着重新梳理一下条件和结论。

等腰三角形两底角相等。

前提……在$\triangle ABC$中

条件……$AB=AC$

结论……$\angle B=\angle C$

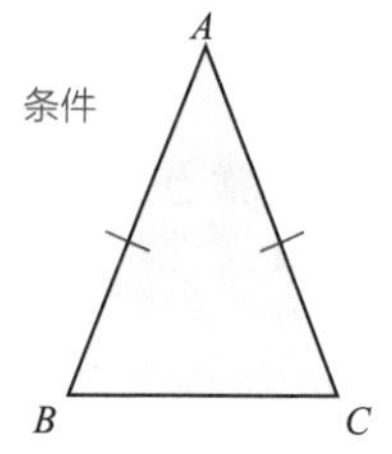

先来看条件。等腰三角形就是有两条边相等的三角形，所以可以改写成$AB=AC$。如果不知道等腰三角形的定义，可就没法进行这一步了哦。

再来看结论。等腰三角形的底角，指的就是除了顶角之外的两个角，所以结论可以改写成$\angle B=\angle C$。要是不知道底角这个概念的话，是写不出这个式子的。

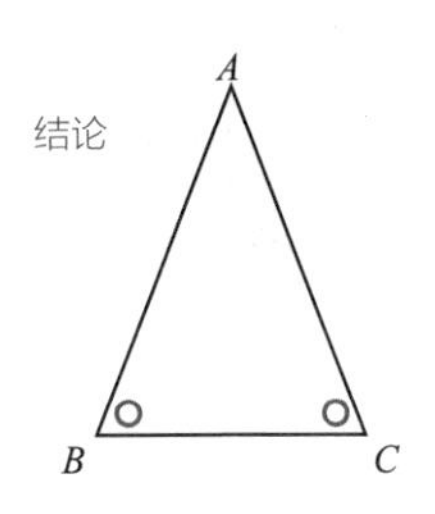

相比较而言，改写后的条件和结论要比改写前的更加一目了然，很容易就能看出证明的目标。

理解题目中概念的含义，明确条件和结论，也就是证明的起点和终点，是证明前的必备工作。这个过程确实不容易，所以我特别理解为什么很多同学说自己搞不懂证明。

这时候肯定会有人说，“搞不懂的话，抄个十遍八遍的不就好了！”

这倒也是个思路，但它忽略了顺序的重要性。在重复抄写之前，一定要先充分理解证明中出现的数学概念。不然就算抄再多遍，也还是一知半解。

证明就是将起点（条件）和终点（结论）连接起来的过程。所以在开始证明前，一定要非常慎重地确定自己的起点和终点。

※ △是表示三角形的符号，读作“三角形”。外表看起来有些像等边三角形，但其实代表所有的三角形，包括等腰三角形、直角三角形等。

基础篇 直线 直线可以无限延长！

关键词！……直线、平面几何、射线、线段

 到直线的另一边去

先给大家出道题。请大家按下面的要求在纸上作图。

首先，在纸上画一条直线，命名为 l。然后在直线 l 两边分别画一个点，命名为点 X 和点 Y。

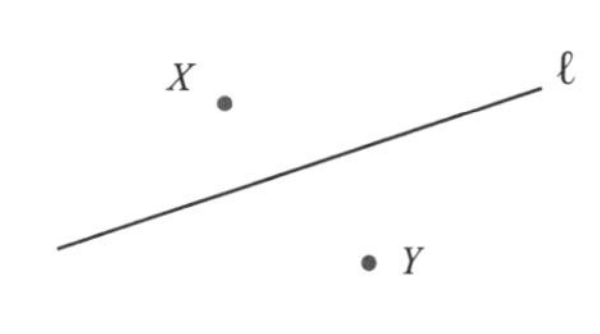

准备工作做好之后，问题来了。

假设你现在是一只小虫子，想从点 X 移动到点 Y。你可以选择任何行动轨迹，直线或曲线都行。但只有一个要求，就是不能碰到直线 l。怎么样，能做到吗？

直线这家伙

“这好说！虽然会绕点路，但是只要去到直线的一端，就能绕过去了！”

唔，如果这就是你的答案，那就说明你对直线这家伙还

不太了解。

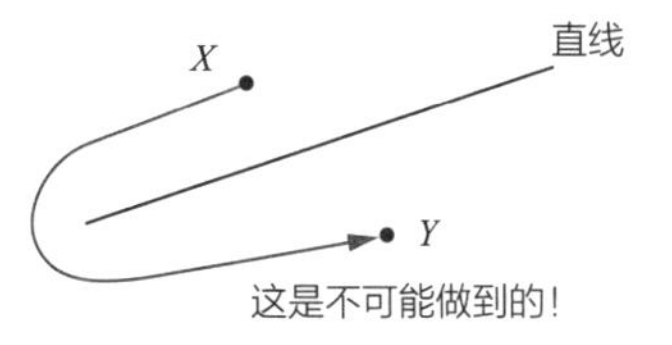

在这里，我想让大家对直线有更深一步的了解。线有两种——直线和曲线。顾名思义，直的就叫直线，弯的就叫曲线。这些小学就学过，作为一个几何初学者，这样的理解没有问题。

但直线可不仅仅只是直的这么简单，它的准确定义是——向两端无限延长的笔直的线，这才是真正的直线。所以“直线的一端”是不存在的，因为它会无限延长。

> **定义** 直线
> 向两端无限延长的笔直的线叫作直线。

这就是直线的定义。

肯定有很多人会说，“可我之前都不知道直线能无限延长啊！”没关系，现在记住也不晚。最可怕的不是不知道，而是按照错误的理解闷头向前。

在日常生活中，用词当然不需要这么严谨。但在几何学习中，这是必不可少的。

如果老师口中的直线和同学们所理解的直线有所不同，肯定会对我们的学习造成阻碍。对于刚接触几何的同学们来说，这是不小的打击。为了避免这种情况发生，请大家务必注意：正确把握每一个新概念的含义。

体会直线的无限延长！

“来，大家一起在笔记本上画一条直线吧！”

老师们可能会在无意之中这样说。但事实上，在纸上画出直线，这本身就是不可能的。

原因大家应该知道了吧？因为直线是可以“无限延长的”。所以即便用一整卷卫生纸，我们也画不下一条完整的直线——除非能找到一张无限延长的纸。

这样一来，我们就只能宣告放弃了。

在纸上只能画出有限长度的线。当我们尝试将直线画在纸上时就会发现，本来应该没有端点的直线，一定会在纸上产生端点。

但我们可以把这样的线看作是直线，想象它是能向两端无限延长的。这就是人类了不起的地方。请大家自己通过想象，去体会直线这一概念中蕴含着的“无限延长”的内涵。

开动你的思维

刚刚的小虫移动问题我们还没有解决。

有些思路灵活的人可能会说，“现在放弃还太早了！我已经找到办法，可以在不碰到直线 l 的前提下，从点 X 移动到点 Y 了！”

这真的能做到吗？其实可以。

办法很简单。只要从上方越过直线 l，或是挖个地道钻过去就可以了。

一定会有人觉得这些办法过于投机取巧。但这样的思路其实反映了思维的灵活性，是值得鼓励的。

当然，对于这些抱有异议的人，我也十分理解。毕竟他们一直都是从平面出发来思考这个问题的，突然听到这样的答案，确实不太容易接受。

因此，我们在几何学习中，一定要先明确问题的研究范围，即是在二维平面上，还是在立体空间里。

而这本书，主要介绍的就是平面上的几何问题，即“平面几何”。

有端点的线

我们回到直线的话题。

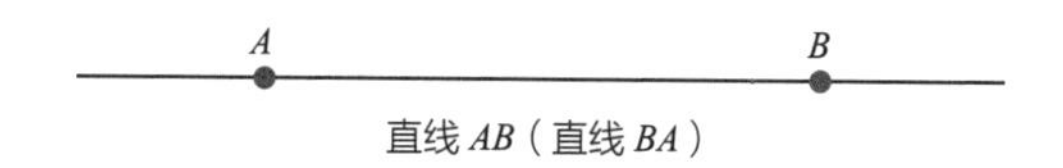

直线 AB（直线 BA）

上图是直线 AB。虽然纸面上的它看起来有两个端点，但请大家想象一下，它其实是能无限延长的。

※ 参考公理 1：过不同两点，能且只能作一条直线。

那下图呢？

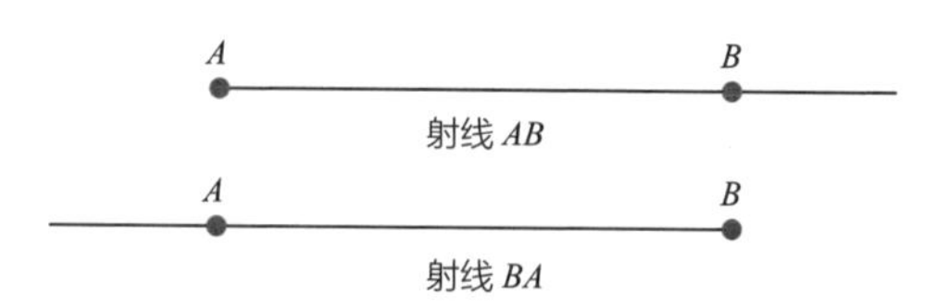

一个方向能无限延长，另一个方向有端点。这样的线不能叫作直线。

它们有另一个名字——射线。以点 A 为端点时，称为“射线 AB”；以点 B 为端点时，称为“射线 BA”。以此进行区分。

定义 射线

有一个端点并向另一个方向无限延长的线叫作射线。

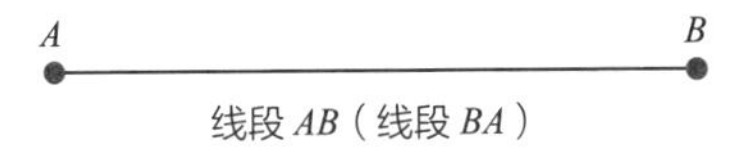

线段 AB（线段 BA）

上图中的线两边都有端点，这样的线叫作“线段”，一般用两个端点来表示。

定义 线段

有两个端点的线叫作线段。

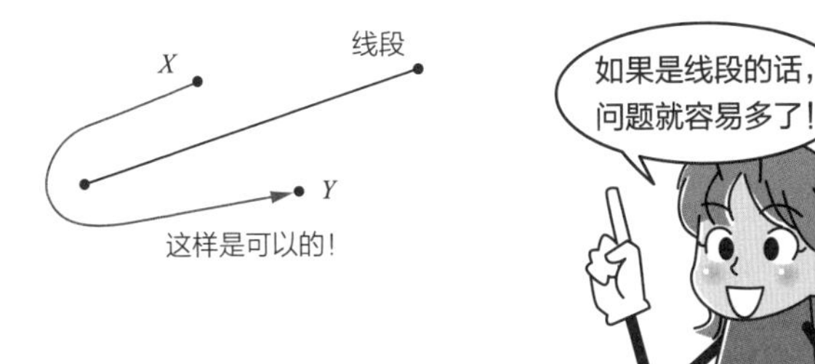

光是直线相关的内容就占了这么多篇幅，相信大家都感受到了正确理解并使用语言的态度和重要性。

平行与垂直　我与你，是永不相交的平行线。

关键词！……位置关系、相交、平行、//、交点、垂直、⊥、垂线、正交

两支铅笔

学习完直线，我们接着来了解一下两条直线的位置关系。“位置关系”这个词不太好理解，我们通过一个例子来解释。如果我跟你说，

“请把两支铅笔放在桌子上。”

这时你会怎么放呢？

其实铅笔和桌子都是有其对应意义的。

铅笔…………直线

桌子………平面

不论你是将铅笔放在桌子正中间还是边边角角都可以，这不重要，重要的是两支铅笔之间的“位置关系”。

在同一平面上的两条直线，存在以下三种位置关系。

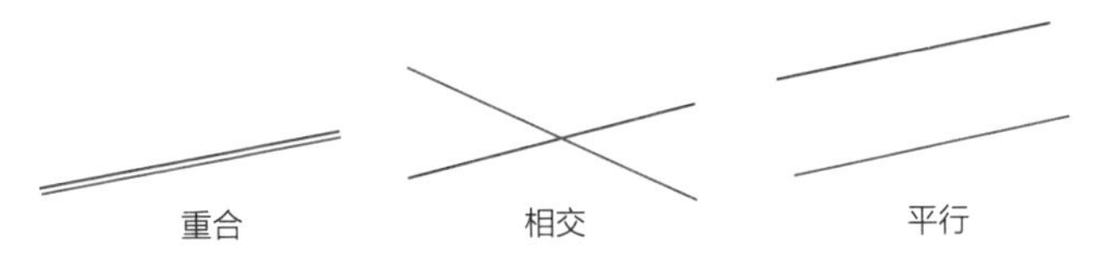

对于我这种讲解方式，有些毕业生曾经吐槽过。

“何必要绕那么多弯子呢，直接告诉我不就行了，也能听明白……”

当然这也不重要。重要的是当两条直线重合时，看起来就是同一条直线，所以我们也可以这样理解——平面上两条直线的位置关系只有“相交”和“平行”两种。

定义 平行

若两直线 l 和 m 在同一平面上且不相交，则称这两条直线互相平行，表示为 $l \parallel m$。

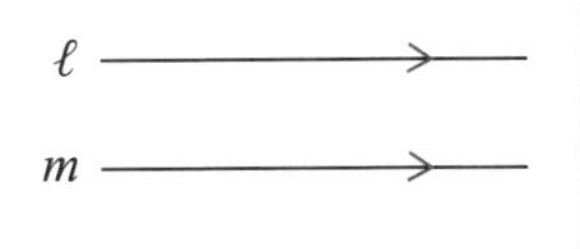

“$l \parallel m$”读作“l 平行于 m”。在图中，可以用直线上标记的“>”符号来表示平行。

定义中的“在同一平面上”，需要格外注意。大家也可以思考一下在不同的平面上又会是什么情况。

牢记“无限延长”

“可是老师，我的铅笔既不平行，也不相交啊！”

有些同学会这样说。

原来她是把两支铅笔摆成了“八”字形。

每次我的感受都是，“果然又是这个问题……”

确实，肉眼看来两支铅笔是没有相交。但这里的铅笔代表的是直线，一定要记住，直线是可以向两端无限延长的。虽然看起来是个“八”字，可一旦将铅笔所代表的直线延长……你看，还是会相交的。

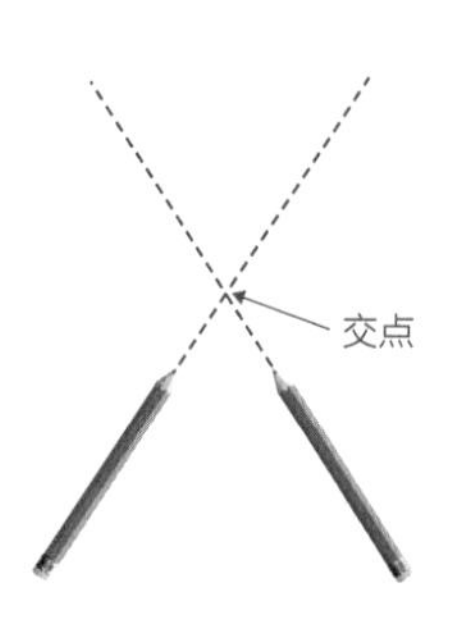

当两直线相交时，相交的点叫作两直线的“交点”。

关于相交

当两直线相交所形成的夹角为直角时，两条直线互相垂直。

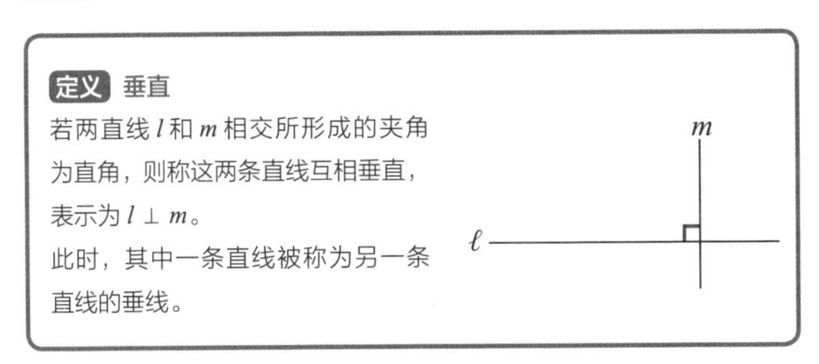

定义 垂直

若两直线 l 和 m 相交所形成的夹角为直角，则称这两条直线互相垂直，表示为 $l \perp m$。

此时，其中一条直线被称为另一条直线的垂线。

“$l \perp m$”读作“l 垂直于 m”。在图中，可以用直角符号 ┐ 来表示垂直。

当 $l \perp m$ 时，我们也说 l 与 m 正交。

距离与路程

在数学中，说到 A、B 两点间的距离，指的就是线段 AB 的长度。

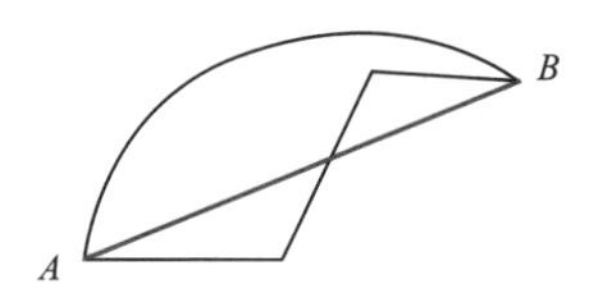

也就是说，只要用直线连接点 A 和点 B，然后测量线段 AB 的长度就可以了。距离指的就是不绕一点远路的最短长度。

但在现实生活中，我们很难按照最短距离行动而完全不绕远路。从家到车站之间，有河流、建筑物……所以我们只能沿着道路前进。此时我们走过的轨迹的长度叫作路程。

定义 两点间距离

线段 AB 的长度叫作点 A、B 间的距离。

不同场景中的距离

那么直线外一点到直线的距离又该如何测量呢？比如求下图中点 P 到直线 l 的距离。其实和刚才一样，也就是求最短长度。

先从点 P 出发作几条线段。在线段 PA、PH、PB 中，哪一条最短？

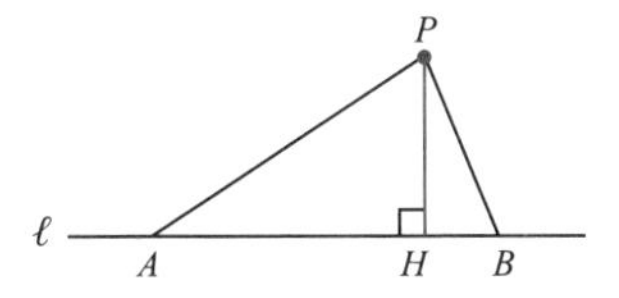

明显是 PH 最短。

从点 P 出发作直线 l 的垂线，与 l 交于点 H（点 H 为垂足），此时线段 PH 的长度就是点 P 到直线 l 的距离。

定义 **直线外一点到直线的距离**

过直线 l 外一点 P 作直线 l 的垂线，垂足为点 H，此时线段 PH 的长度叫作点 P 到直线 l 的距离。

好好看着我！

刚刚说到“明显是 PH 最短”时，大家是不是点头赞同了？是不是完全接受了？没有证明过程就轻易相信结论，你们还是太天真了。

说不定还有比 PH 更短的线段呢！毕竟我们只比较了 PA、PH、PB 三条线段。

事实上，线段 PH 的确是最短的。大家可以期待一下在更远的将来去学习具体的证明过程。现阶段，大家要做的就是掌握这个知识并且去运用它。

我个人将这种知识称为是“电视遥控器”。按下遥控器上的按钮，我们可以开关电视、调节音量。虽然不是很清楚原理，但并不影响我们使用它。

比如我们在小学 5 年级的时候就学过，“三角形的内角和是 180° ”，但直到初中才知道如何证明。

随着不断地学习，我们可以完成难度很高的证明。怀着这种期待继续向前，也是学习的乐趣所在。

※“提高篇”会对 PH 最短做出进一步解释。

在今后的学习中，我们会遇到以下多种距离，它们指的都是最短长度。时刻抱有怀疑的态度，经常问问自己“是不是还有更短的线段”，就能避免很多错误。

① 两平行线之间的距离
② 点到平面的距离
③ 两平行平面之间的距离
④ 异面直线间的距离
⑤ 直线到平面的距离

角　直角可以用 Rt ∠来表示。

关键词！……角、平角、直角、弧度

两条射线围成的图形

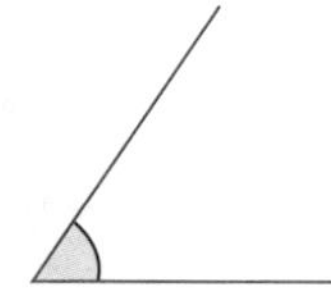

角，就是从一点出发的两条射线所围成的图形。

本节会介绍一些角的基础知识。

定义　平角

两条射线向相反方向延长，组成一条直线时，这两条射线所围成的角叫作平角。

平角

简单来说，平角就是完全平坦的角。

在小学和初中阶段，我们都认为平角是 180°，但这并不是唯一的答案。

在国际单位制中，用弧度（rad）来表示角的大小才是最标准的（弧度制）。1 弧度约为 57.29578°。

而平角则相当于 π 弧度，一般省略弧度单位，直接写作 π。另一方面，将平角写作 180° 也是被大多数人所接受的（角度制）。

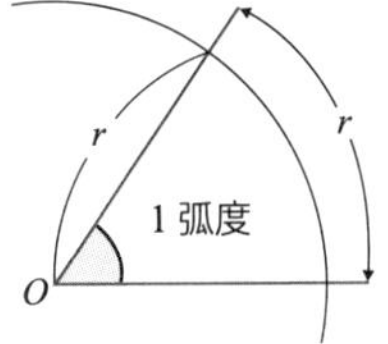

※ 参考：1 弧度就是弧长等于半径的弧所对的圆心角大小。

什么是直角?

接下来介绍直角。

> **定义** 直角
> 平角的一半叫作直角。

直角在英语里叫作“right angle”，所以直角也可以用 Rt ∠来表示。

直角也可以理解为是将平面四等分后得到的角，所以通过折纸能够很容易形成直角。直角用数值表示是 90° 或 $\frac{\pi}{2}$。

直角可以作为单位来表示角的大小。

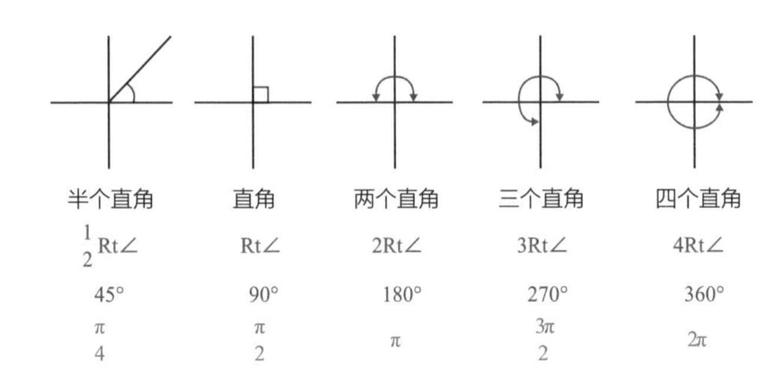

说不定将来有一天，直角也可以成为一个代表 100 的单位呢。实际上现在工程上就有一个叫作梯度的单位，100 梯度等于一个直角。但这样的单位并不会推翻我们之前所学的几何体系。比如三角形的内角和，我们本身就可以将它理解为是两直角和（180°）。

顺便介绍一下，四个直角（360°）叫作“周角”，也就是一条射线绕着它的端点旋转一周所形成的角。

角的表示

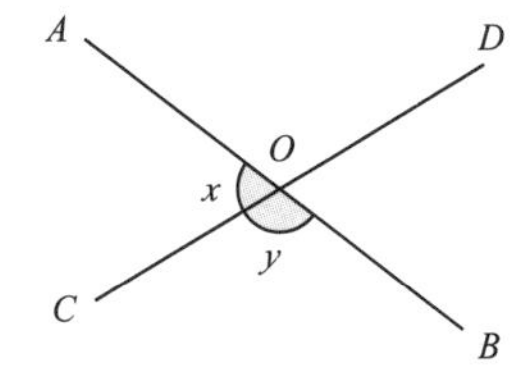

角有两种表示方法。

一是直接用小写字母。

比如上图中，射线 *OA* 和 *OC* 围成的角可以表示为∠x。同样地，射线 *OB* 和 *OC* 围成的角

可以表示为$\angle y$。㊀

二是用射线和顶点的字母表示，这里的字母一般是大写字母。

$\angle x$ 可以用$\angle AOC$（或$\angle COA$）来表示，$\angle y$ 可以用$\angle BOC$（或$\angle COB$）来表示。只要顶点字母在中间即可。

有时候，角也可以直接用它的顶点来表示，比如$\angle O$。但这样很容易造成指向不明。

例如上图中，以点 O 为顶点的角有 4 个，$\angle O$ 到底指的是哪一个呢？谁也不知道。在这种情况下，要选择用三个字母来表示角。

如果是右图这种情况，那完全可以将这个角称为$\angle O$。当然了，$\angle AOB$（或$\angle BOA$）也是可以的。

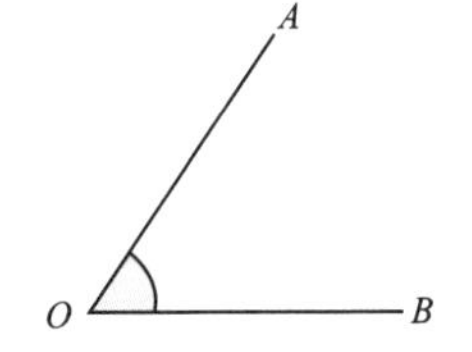

㊀ 中国教材中一般用小写希腊字母来表示，如$\angle\alpha$、$\angle\beta$。——编者注

基础篇

锐角、钝角 受害者曾被钝器殴打？

关键词！……劣角、优角、锐角、钝角、补角、余角

与平角比大小

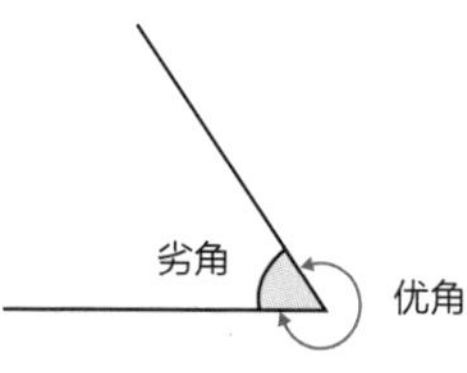

我们可以以平角（180°）为基准，来判断其他角的相对大小。与此相关的概念有两个。

定义

- 劣角……大于 0° 且小于平角（180°）的角。
- 优角……大于平角且小于周角（360°）的角。

“右图中的∠O是什么角？”

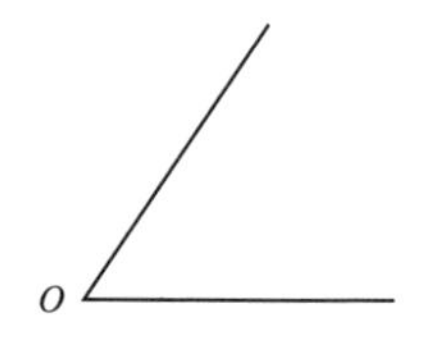

如果没有其他的提示，我们可以直接回答“劣角”。虽然“劣”这个字看起来含义不好，但劣角的使用频率还是非常高的。

与直角比大小

在几何学习中，直角经常出现。与直角比较大小，也是非常重要的。

比直角小的角，给人的印象是“尖锐”“被戳到很痛”，所以用“锐”这个字来表示，叫作“锐角”。

相反，比直角大且比平角小的角，则用“钝”这个字来表示，叫作“钝角”。

“受害者曾被钝器殴打。”

这是刑侦剧里的常见台词。这里的钝也是钝角的“钝”哦。

定义

- 锐角……大于 0° 且小于直角（90°）的角。
- 钝角……大于直角且小于平角（180°）的角。

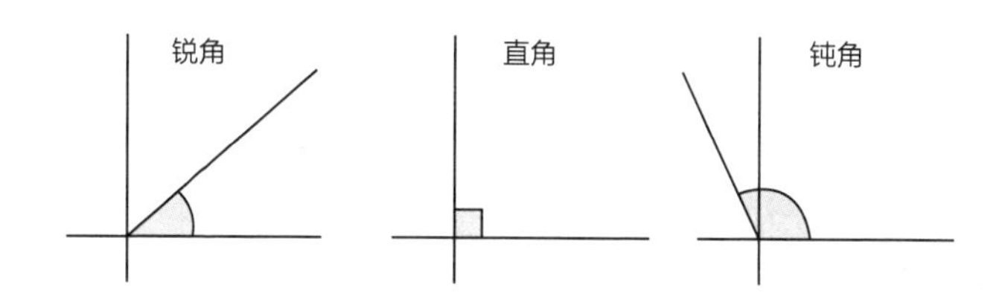

以内角大小命名的三角形

锐角、直角、钝角除了用来表示角的大小以外，还可以用来给三角形分类。

定义

- 锐角三角形……三个内角均为锐角的三角形。
- 直角三角形……有一个内角是直角的三角形。
- 钝角三角形……有一个内角是钝角的三角形。

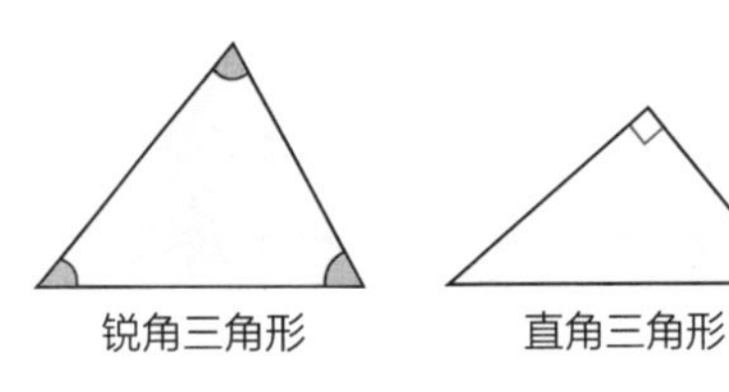
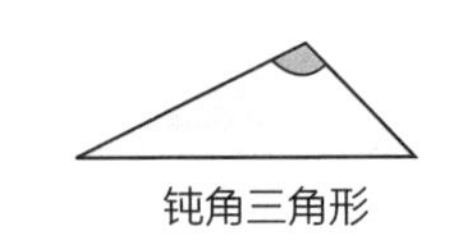

锐角三角形　　直角三角形　　钝角三角形

补角与余角

还有两个与平角和直角有关的概念也很好用，可以一并记住。

定义 补角

当两个角的和等于一个平角（180°）时，其中一个角叫作另一个角的补角。

“补角”是一个很有用的概念。

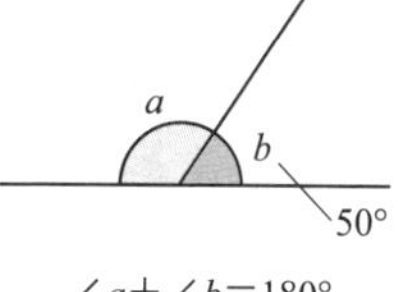

比如在右图中，一个平角被分为了$\angle a$和$\angle b$两个角，此时它们互为补角。

这时我们可以说，

“$\angle a$是$\angle b$的补角，所以$\angle a=130°$。”

还有一个！

> **定义** 余角
>
> 当两个角的和等于一个直角（90°）时，其中一个角叫作另一个角的余角。

比如在右图的直角三角形ABC中，$\angle B$和$\angle C$就互为余角。

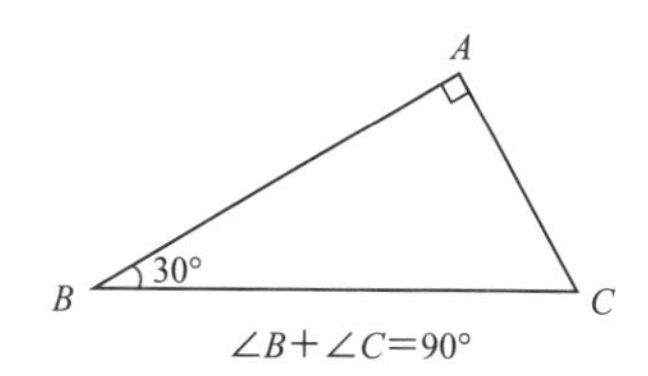

这时我们可以说，

“$\angle C$是$\angle B$的余角，所以$\angle C=60°$。”

轴对称图形、中心对称图形

挑战西瓜新切法！

关键词！……轴对称、对应、中心对称

轴对称图形

如果一个平面图形沿着一条直线对折后，直线两边的部分能够完全重合，那么这个图形叫作“轴对称图形”。这条直线叫作“对称轴”。

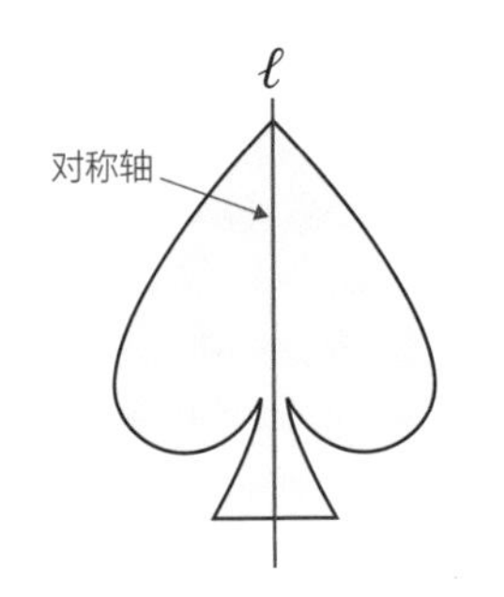

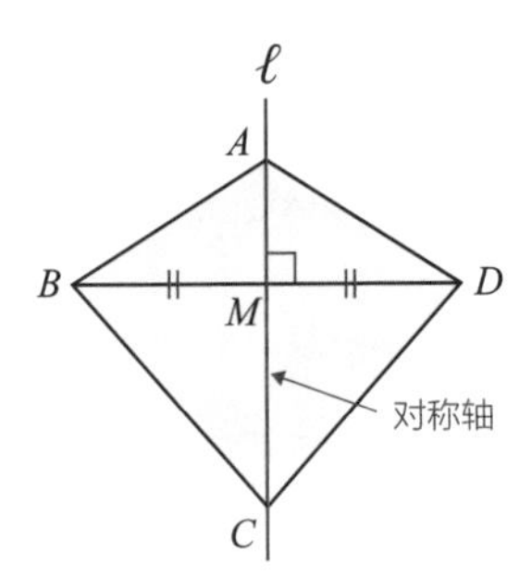

这样的现象就叫作“对称”。

将轴对称图形沿对称轴对折后，相互重合的点、边、角分别叫作对应点、对应边、对应角。

如果将上图右边的图形沿直线 l 对折，点 B 将会与点 D 重合。因此，点 B 和点 D 就是对应点。设直线 l 与线段 BD 交于点 M，可以得出以下结论：

$BM=DM$

$\angle AMB=\angle AMD=90°$

这些特点总结如下：

> 轴对称图形的性质
>
> 轴对称图形中，对称轴是任意一对对应点所连线段的垂直平分线。

中心对称图形

以某一点为中心，将一个图形旋转 180° 后，如果能够与原来的图形完全重合，这个图形就叫作“中心对称图形”。这个点叫作“对称中心”。

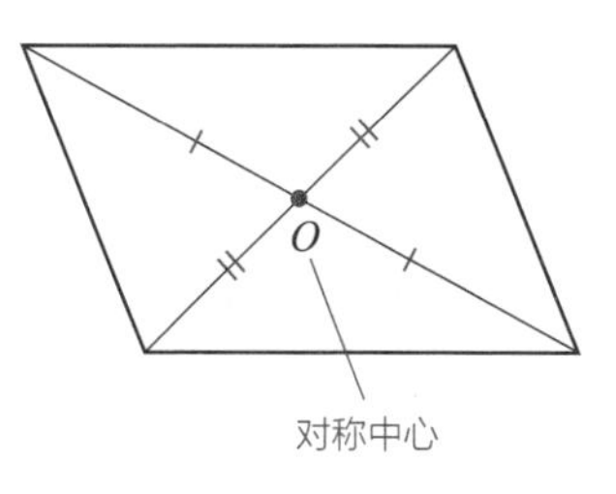

最简单的情况，平行四边形、长方形、正方形都是中心对称图形。

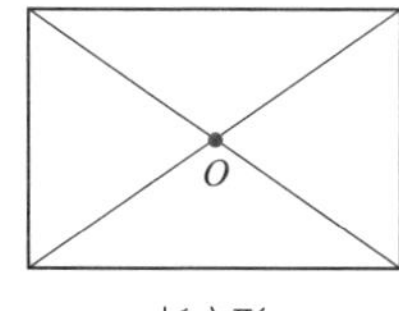

长方形

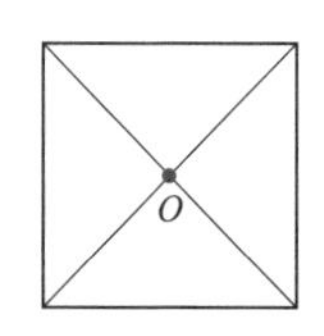

正方形

中心对称图形具有以下特点：

中心对称图形的性质

中心对称图形中，任意一对对称点所连线段都经过对称中心，且被对称中心平分。

如果我们试着将等边三角形转半圈，就会发现它无法与原图形重合。

但如果我们旋转$\frac{1}{3}$圈（120°），它就能与原图形重合。这样的图形叫作旋转对称图形，等边三角形的旋转角是120°，正方形的旋转角是90°。

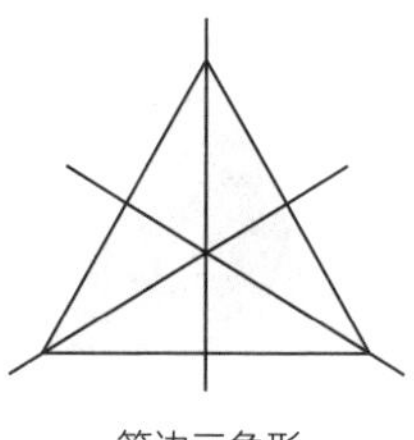

等边三角形

更方便食用的西瓜切法

接下来是一道趣味题，答案稍后揭晓！

【题目】

如右图所示，一个大长方形中有一个小长方形。请你只画一条直线，平分图中有颜色部分的面积。

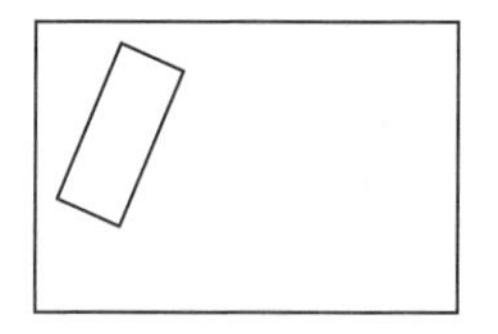

回到中心对称图形，如果用经过对称中心的直线将图形

分为两部分，会出现一个很有意思的现象。你知道以后肯定会觉得恍然大悟。

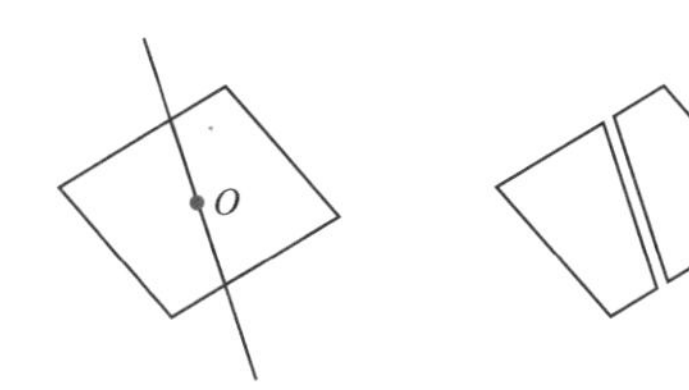

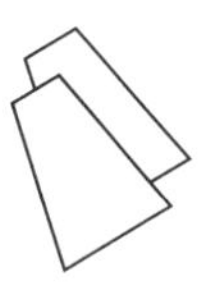

中心对称图形的性质

若用经过对称中心的直线将中心对称图形分为两部分，则这两部分全等。

如右图所示，现在有一瓣西瓜。从上面（箭头方向）看，看到的就是右边的中心对称图形。现在我们想把西瓜平均分成两份。

常见的切法有下图中的①、②两种。如果用切法①，西瓜容易因为太薄而歪倒。但如果用切法②，又没办法把瓜瓤吃干净。

所以就有了切法③，它也能将西瓜平均分成两份。我给它起名为“斜切法”！

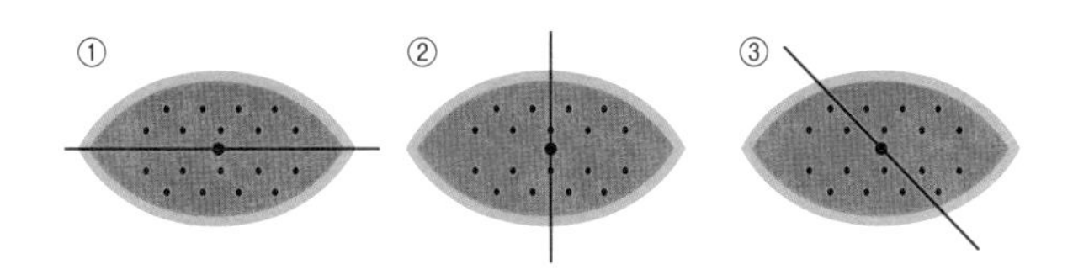

能想象出切好的西瓜是什么形状吗？正所谓实践出真知！大家可以等到西瓜上市的季节，去亲手试一试。你一定

会很感动的！一定要试试！

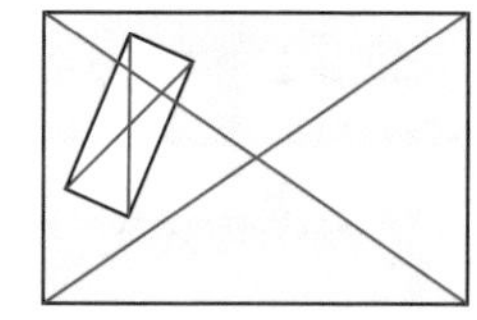

最后，一起来揭晓本小节开头那道趣味题的答案吧。

长方形是中心对称图形，所以过对称中心的直线能够将图形分为全等的两部分。

对称中心怎么找？只要作两条对角线即可，它们的交点就是对称中心。现在，只要找到一条直线能同时将两个长方形分成全等的两部分，就能解决这道题啦。大家是不是已经有答案了。

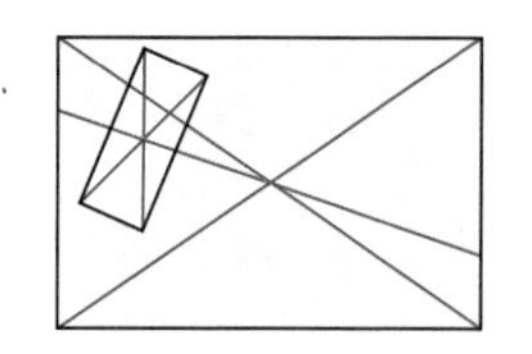

没错，就是过大小两个长方形的对称中心作一条直线。这条直线能平分图中有颜色部分的面积。

答 右图中的蓝色直线。

基础篇 平移、旋转、翻折

360° 翻转可是很难的。

关键词！……平移、旋转、中心对称旋转、翻折

“传送”与“任意门”

电影《星际迷航》中有一句经典台词“Beam Up”，每当这句台词响起，电影中的人物或货物都会通过一种叫作“传送”的方式来往于宇宙飞船企业号内外。在电影的设定中，物质会在分解后通过传送器到达目的地，并重新组合，整个过程发生在一瞬间。每次看到传送的场景，我都会很兴奋，盼望着这种技术有一天能真正实现。

在不改变形状、大小的情况下，将几何图形移到别的位置，在数学中叫作“移动”。《星际迷航》中的“传送”需要将物质进行分解，所以与数学中的移动还是有所区别。

而哆啦 A 梦中的“任意门”，则是通过扭曲空间来连接出发地和目的地（作品设定）。这个应该可以称得上是移动。

数学中的移动，可以简单分为以下三类：

平移　　旋转　　翻折

不论是平面还是空间中的移动，都能由这三种方式组合而成。

平移

首先是平移。

> **定义** 平移
> 将图形沿某一方向移动一定距离。

下图表示的就是将$\triangle ABC$沿箭头方向平移的过程。平移后的图形为$\triangle A'B'C'$。

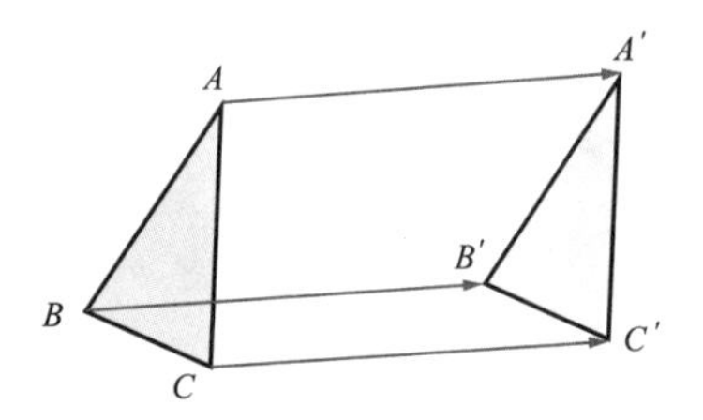

由于图形在平移过程中没有发生旋转，所以将对应顶点相连得到的AA'、BB'、CC'三条线段长度相等，且相互平行。所谓平移，就是平行移动的意思。

$$AA'=BB'=CC'$$
$$AA' \parallel BB' \parallel CC'$$

旋转

接下来是旋转。

定义 旋转

以某一点为中心，将图形转动一定角度。

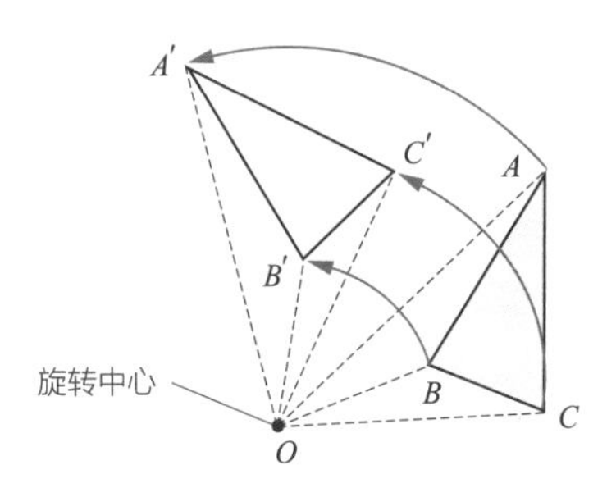

上图中，$\triangle ABC$ 以点 O 为中心，逆时针旋转了 60°，得到$\triangle A'B'C'$。在这种情况下，以下结论成立：

$$OA=OA' \quad OB=OB' \quad OC=OC'$$

$$\angle AOA'=\angle BOB'=\angle COC'=60°$$

点 O 叫作“旋转中心”。

这个例子表示的是平面（二维世界）内的旋转，其实立体空间（三维世界）内也会有这样的旋转，即以空间内的某条直线为轴进行转动。它们统称为旋转。例如下图中乘着秋千的阿尔卑斯少女海蒂。[1]

这里给大家出道题。

【题目】

如右图所示，大正方形被分为了 16 个全等的等腰直角三角形。如果我们想旋转三角形 A，使其与三角形 P 完全重合，应该以哪个点为旋转中心？

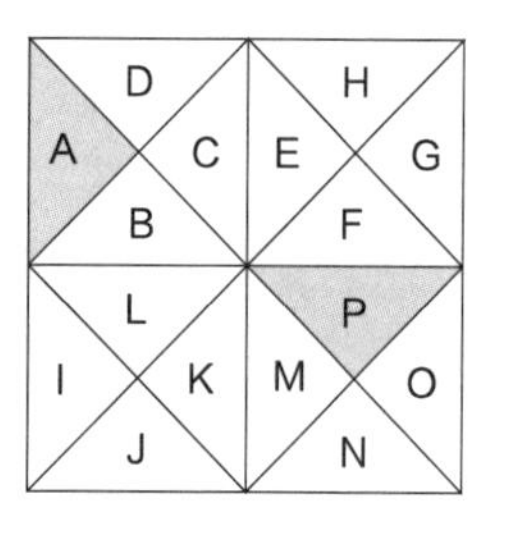

答案稍后揭晓！

[1] 出自动画《阿尔卑斯山的少女》。——编者注

中心对称旋转

旋转角度为 180° 的旋转，叫作“中心对称旋转”。这是旋转中的特殊情况，所以自然具备旋转的一切性质。

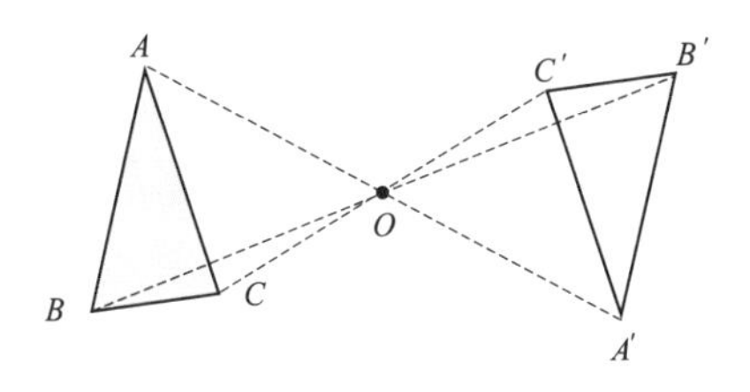

在这种情况下，以下结论成立：

$OA=OA'$　$OB=OB'$　$OC=OC'$

$\angle AOA' = \angle BOB' = \angle COC' = 180°$

此外，我们还能得到：

点 A、O、A' 落在同一直线上。

点 B、O、B' 落在同一直线上。

点 C、O、C' 落在同一直线上。

$AB \parallel B'A'$　$BC \parallel C'B'$　$CA \parallel A'C'$

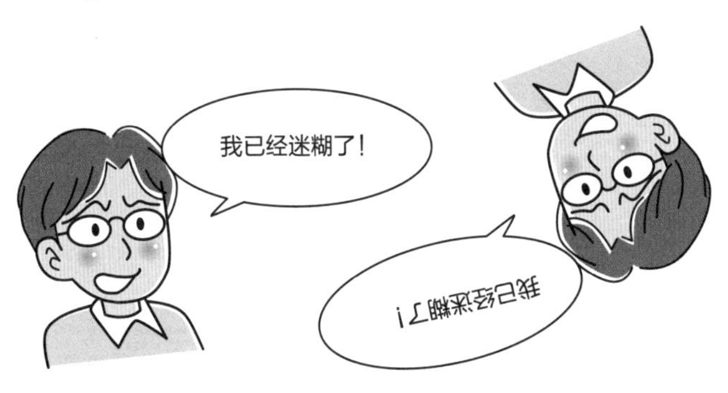

翻折

最后是翻折。

定义 翻折

以某一直线为轴，将图形折叠。

以平面上某一直线为轴进行折叠的移动叫作翻折。这条直线叫作对称轴。

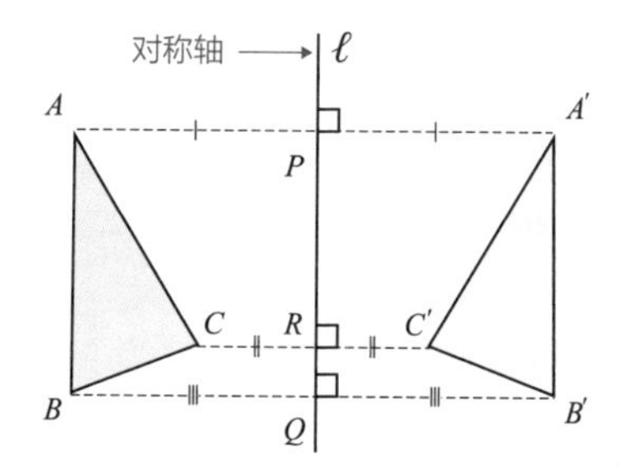

上图中，$\triangle ABC$ 以直线 l 为对称轴翻折，得到$\triangle A'B'C'$。此时，以下结论均成立：

$$PA=PA' \qquad QB=QB' \qquad RC=RC'$$

$$AA'\perp l \qquad BB'\perp l \qquad CC'\perp l$$

$$AA' /\!/ BB' /\!/ CC'$$

一般来说，翻折两次达到的移动效果，只需要平移或旋转一次就能达到。

将翻折的概念延伸到空间中，就是以空间中某一平面为

对称面，进行镜面反射。这很像我们照镜子的时候，当我们抬起右手，镜中的自己就会抬起左手。

面对称图形

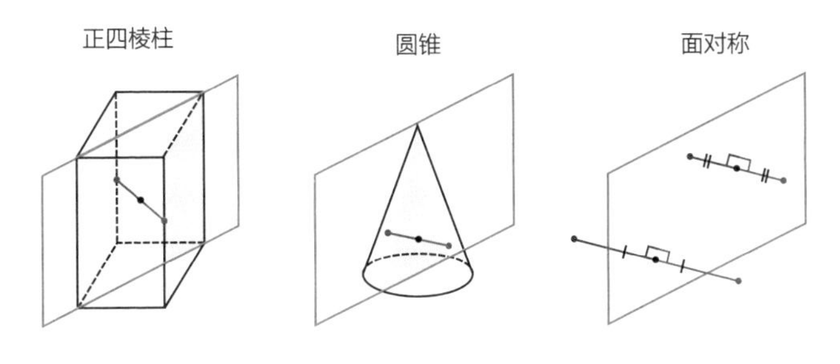

※ 旋转体均为面对称图形

这与空间内的旋转不同，旋转运动时，自己抬起的是右手，旋转后的自己抬起的也是右手。

高难度翻转运动

其实翻折和其他两种移动方式相比，有本质上的不同。

如果将一张扑克牌正面朝下放在桌子上，我们是看不到它是哪张牌的。这时，不论是平移还是旋转都无法改变这一事实，除非有人将它翻转（翻折）过来。

我们在睡梦中也会做平移或旋转运动（睡相差一些的也许会做中心对称旋转？），但都是在平面上进行的。而三维空间中的翻转（就是翻身！）运动难度更高，婴儿之所以要花费很长时间才能学会翻身，也是因为这个道理。

回到前面给大家出的题。

在右图中，我们想旋转三角形 A，使其与三角形 P 完全重合，应该以哪个点为旋转中心？

答 旋转中心为右图中的●。

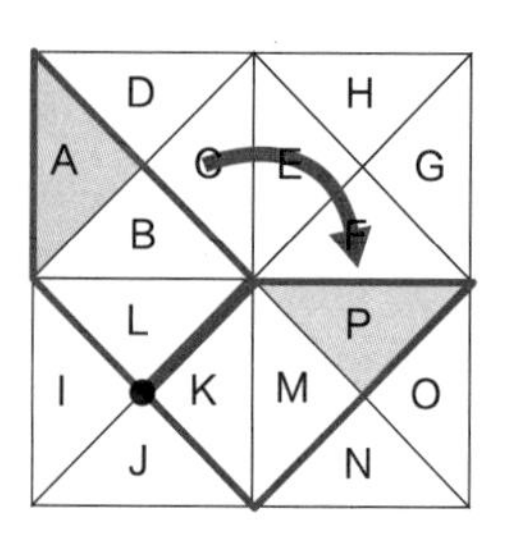

要是一下子反应不过来，可以按照图中粗线所示，想象有两个梯形。通过旋转梯形，就能将三角形 A 移动到三角形 P 的位置了。

凸多边形、凹多边形

三角形、四边形、五边形、六边形、七边形、八边形……我们有时会将这些图形作为一个整体进行讨论，如果这时还分别叫它们三角形、四边形、五边形……既麻烦，又浪费时间，听起来也费劲。

> **定义** 多边形
> 用线段围成的平面图形叫作多边形。

所以不管是三角形、四边形、五边形，还是六边形、七边形，都是多边形。英语里叫作 polygon，精灵宝可梦中有一个神奇宝贝叫多边兽，它的表面就是由多边形组成的。

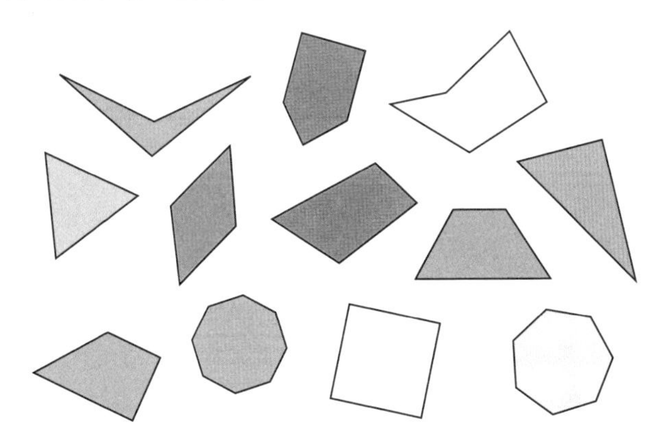

右图中的图形有一部分是凹陷下去的，但它也确实是用线段围成的，所以也属于五边形。

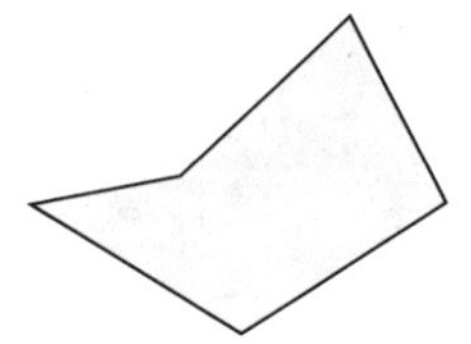

所有内角均小于平角（180°）的多边形叫作“凸多边形”，有部分内角大于平角（180°）的多边形叫作“凹多边形”。上图就是一个凹五边形。

正多边形

下面学习多边形的“进化形态”。

> **定义　正多边形**
> 各边相等、各角也相等的多边形叫作正多边形。

等边三角形和正方形都属于正多边形。

所有的正多边形都是轴对称图形，正 n 边形的对称轴有 n 条。

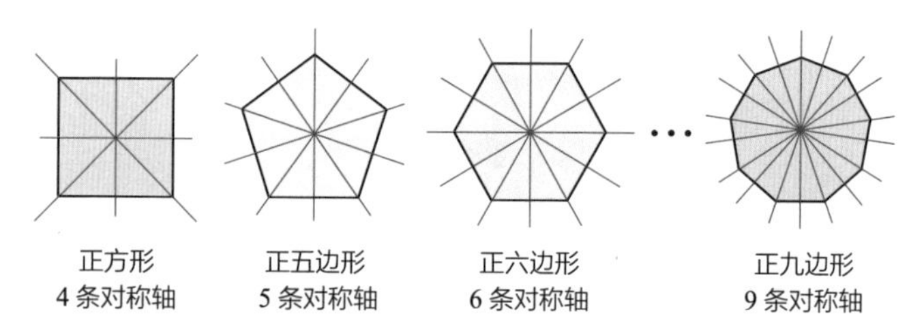

正方形　4 条对称轴　正五边形　5 条对称轴　正六边形　6 条对称轴　正九边形　9 条对称轴

我的很多学生都只关注到了正多边形各边相等的这个特点。这也难怪，就拿三角形来说，只要满足三条边长度均相等这一条件，就可以判定为是等边三角形了。

但如果是六边形，仅仅设置六条边长度均相等这一条件，就会出现右图上边的情况；仅仅设置六个角大小均相等这一条件，又会出现右图下边的情况。很明显它们都不是正六边形。

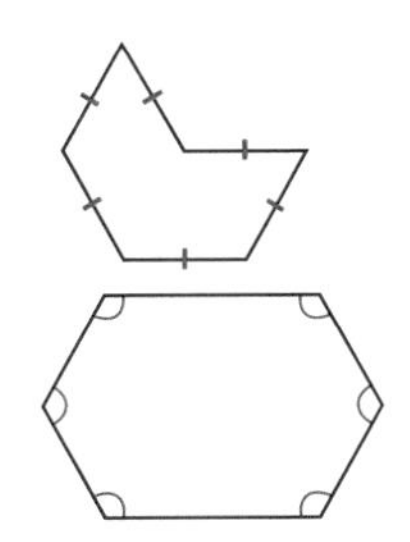

如果自行车的轮胎不是圆形

圆是轴对称图形，过圆心的所有直线都是它的对称轴。

同时，圆也是中心对称图形，圆心就是对称中心。

此外，不论以什么样的角度旋转，圆都能与自身完全重合。多么神奇的图形！

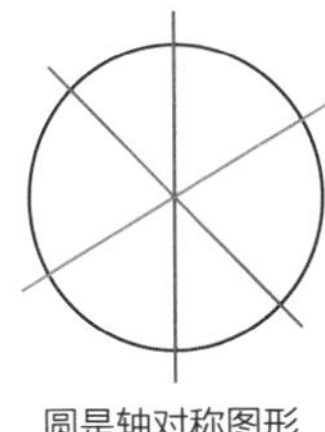

圆是轴对称图形
对称轴有无数条

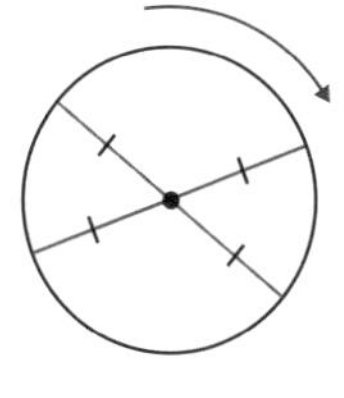

圆是中心对称图形
圆心为对称中心

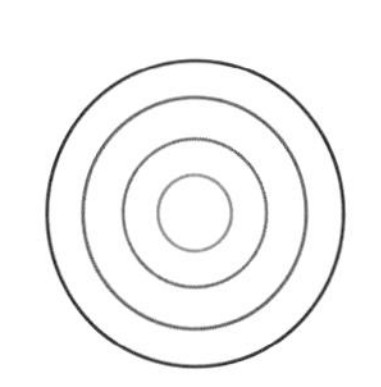

所有圆都相似
※ 相似将在“提高篇”中介绍

圆的这种特性，给我们带来了很多好处。人们之所以能够乘坐汽车出行，就是因为利用了圆的特殊性质。如果是三角形或四边形的轮胎，光是想象就已经感觉到屁股在痛了吧。

“为什么井盖是圆的？”这是一个很著名的问题。虽然不是所有的，但绝大部分井盖都是圆的。

对于这个问题，我们可以想象一下其他形状的井盖。比如正方形或长方形，这样会有很多不便之处。最重要的一点是安全性不足。由于正方形和长方形的对角线长度要大于边的长度，所以一旦用作井盖，就会有掉落的风险。

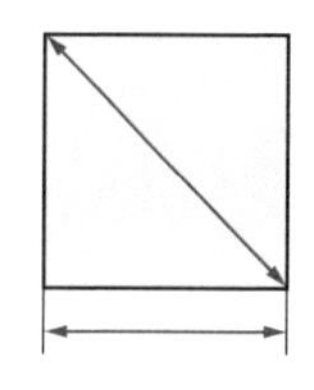

对角线长大于边长，
有掉落风险！

直径一样长，没有
掉落风险！

圆与圆周率

快速回答！直径 30cm 的圆，周长是多少？

关键词！……圆、圆周、圆周率

不用圆规画个圆

我上初中的时候，有一次忘记带圆规去学校了，偏偏那天老师还让我们画圆。

“请大家画一个半径 2cm 的圆！”

其实我向旁边的同学借用一下圆规就可以了，但我却突发奇想，“要不试试不用圆规画圆吧！”

首先，在本子上画出圆心 O。然后用直尺在距离点 O 2cm 的地方做上标记。重复 20 次左右，就能隐约看出圆的形状了。做标记的点当然是越多越好，不过 20 个也足够了。接下来就是想象着圆的形状，将所有点用线连起来。这样就画好啦！虽然有个别地方形状扭曲了些，但也能看出来是个圆了。

老师在教学生圆规的使用方法前，可以先让他们用上面这个方法画圆，这样能让他们更深刻地体会到圆规的方便。

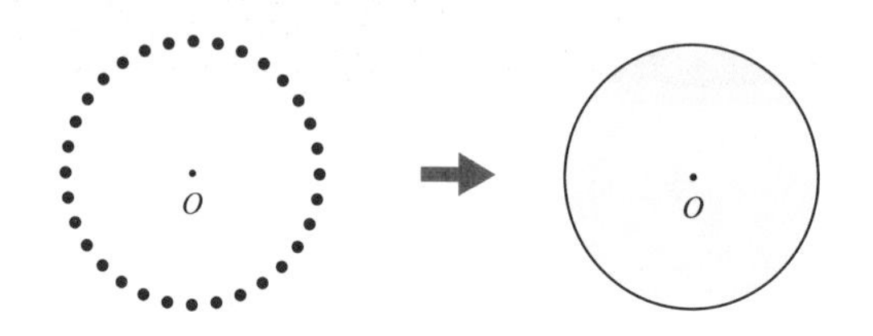

圆的周长能求出来吗?

圆的定义如下，和我们刚刚的操作过程可以说是一模一样了。

> **定义** 圆
>
> 在同一平面内到定点（圆心）的距离等于定长（半径）的点的轨迹（集合）叫作圆。

下面给大家出一道我经常在课上出的题。先想象你面前有一个直径 30cm 的盆。

【题目】

如右图所示，从盆上点 A 出发，沿着盆的边缘走一圈，最后回到点 A，请问走过的长度是多少?

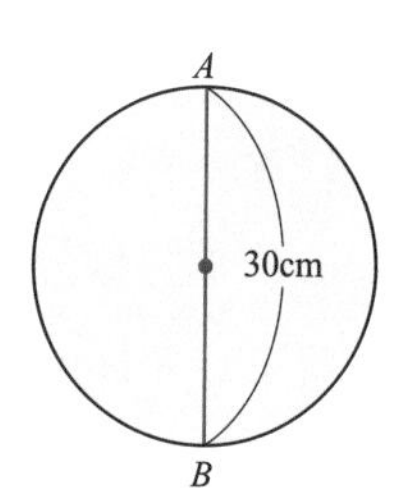

我在这道题中特意没有用“周长”这个词，就是为了避免很多人条件反射

般地直接套用圆的周长公式。

我问过一些初中生这个问题，结果他们当中的很多人回答我，“应该是 60cm 左右吧？”

是不是很让人惊讶？咦？你不觉得吗？这可是直径 30cm 的圆，光是从点 A 到点 B 走一个来回就 60cm 了。要是绕着它的边缘走一圈，路程当然大于 60cm 了……

神奇的是，给出这一答案的学生中，有很多人对圆的周长公式居然倒背如流。

看来他们是没有将公式与实际情况联系在一起。

圆周率出场！

“圆一周的长度可不等于直径的两倍哦！”

“那是多少倍呢？”

来了，来了，这就是我要的反应。

圆的周长与直径成正比，它们的比值叫作“圆周率”。

再说直白一点，就是圆的周长是直径的一定倍数，这个倍数就叫作圆周率。

也就是说：圆的周长 = 直径 × 圆周率。

定义 圆周率

圆的周长与直径的比值，约等于 3.14159。

一般用希腊字母 π（Pi）表示。

公式 圆的周长

设圆的半径为 r，周长为 l，则

$$l=2\pi r$$

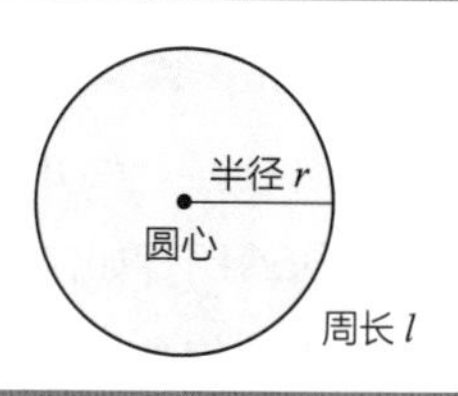

圆周率的常用应用数值为 3.14，想要让数据更精确的话一般取到 3.1416（小数点后第五位四舍五入）也就足够了。

再粗略一点说，圆的周长其实约等于直径的 3 倍。

按照圆周率等于 3.14 来计算，直径 30cm 的圆，周长为 94.2cm。更粗略一点说，就是 90cm 左右。

无限不循环小数

π 是一个无限不循环小数（无理数）。大家能说出小数点后多少位呢？我的话，大概是 50 位……

这里给大家列出 π 的小数点后 200 位。

π=3.1415926535897932384626433832795028841971

6939937510 58209749445923078164 0628620899

8628034825 342117067982148086513282306647

0938446095 505822317253594081284811174502

8410270193 852110555964462294895493038196

……

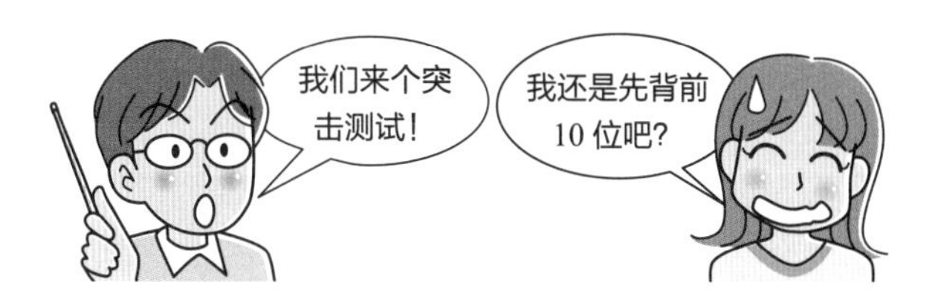

圆的面积　用“咯咯哒”求面积法轻松掌握新知识！

关键词！……圆的面积

不会求圆面积的初中生

日本文部科学省进行的《全国学力·学习状况调查》结果显示，有很多初三学生求不出圆的面积。

然而圆的面积公式，在小学就讲过了。

圆的面积 = 半径 × 半径 × 圆周率

小学的时候我们用 3.14 来代替圆周率，升入初中以后则用 π 来表示，不需要进行小数计算。从这一点上来说，计算难度是大幅下降的。

所以学生们不太可能因为计算失误而得出错误答案，唯一的可能就是公式没记清楚……

对大多数小学、初中学生来说，圆的面积公式就像之前讲过的“电视遥控器”，他们对此都是知其然而不知其所以然。

不对不对，还有些孩子要么忘记了“遥控器”怎么用，要么就直接把“遥控器”弄丢了。甚至有一些孩子从来就不觉得自己需要“遥控器”。

 “咯咯哒”求面积法

这里我想做一个简单说明。

下面我要介绍的方法叫作“咯咯哒”求面积法。你别看它名字有点奇怪，但方法本身是很常见的，小学和初中课本里也会经常用到。

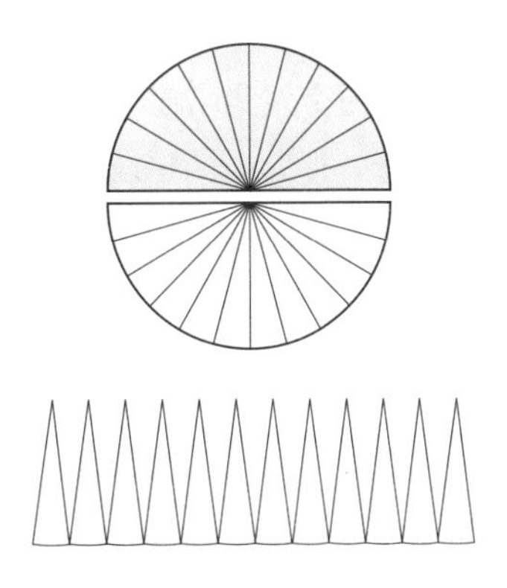

首先，右边上图把圆分成两个半圆。然后将每个半圆平均分割成几份。随后将它们展开成右边下图的样子。看起来是不是有点像鸡冠的形状？

这就是“咯咯哒”求面积法。

把橘子瓣展开也能有相同

的效果（不过一般没有这么整齐……）。由于橘子展开后和鸡冠有些相似，所以在日本宫崎县的某个地方，人们会说“把橘子弄成咯咯哒的形状吃”。“咯咯哒”表现的是公鸡打鸣的声音。我第一次听到这种说法是在一个很受欢迎的电视节目《侦探！Knight Scoop》中。

在我苦思冥想应该如何表达从上图到下图的变化时，刚好看到了这档节目，当时就有一种醍醐灌顶、豁然开朗的感觉。

圆的面积公式，完成！

将两个“咯咯哒”合体后，效果如下图所示，形成了一个近似于长方形的形状。虽然不是特别标准，但只要将半圆的每一部分分割得足够小，这个图形就能无限接近长方形。

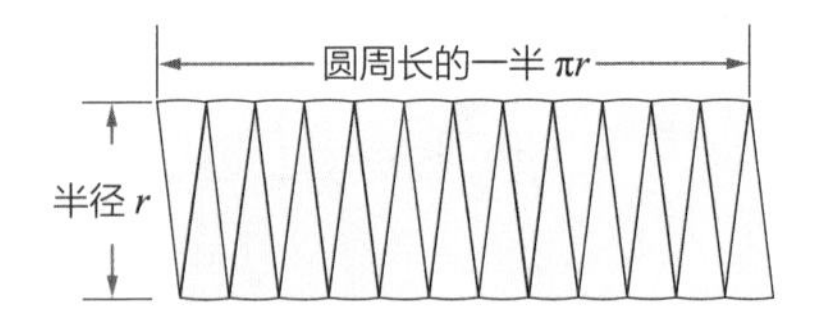

接下来就容易多了，只要求这个“长方形”的面积即可。它的宽就是圆的半径，长是圆周长的一半。

圆的周长等于直径 × 圆周率，它的一半就等于半径 × 圆周率，因此：

圆的面积 = 长方形的宽 × 长方形的长
= 半径 × 圆周长的一半
= 半径 × 半径 × 圆周率

公式 圆的面积

设圆的半径为 r，面积为 S，则

$$S=\pi r^2$$

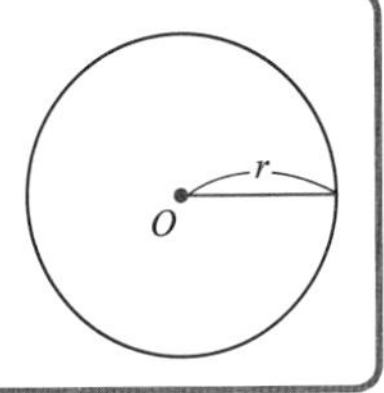

基础篇

弦、弧 吉他和古琴的弦都是直的。

关键词！……弓形、弦、弧、弦心距

 西瓜形？梳子形？

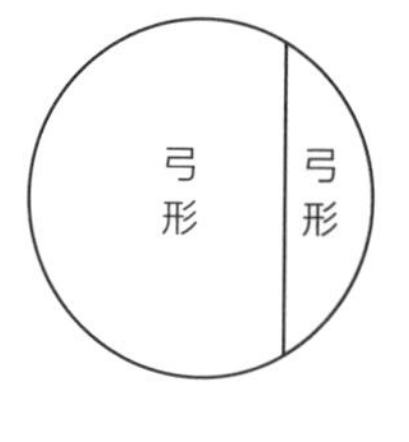

将圆上两点用线段相连，可以将圆分为两部分。

图中圆的右侧部分，看起来像什么图形？

西瓜、梳子、饺子……

答案有很多，但在数学中，这样的图形一般叫作“弓形”。

左侧部分虽然看起来不那么像，但也叫作弓形。只要是用一条直线将圆分割成两部分，这两部分就都叫作弓形。

哪条是弦？哪条是弧？

弓形是由一条线段（直线）和一条曲线（段）围成的图形。其中，线段叫作“弦”，曲线叫作“弧”，大家千万不要弄混。听到“弦”，你有没有想到什么？吉他的弦？或是小提琴的弦？哦对，还有古琴的弦。

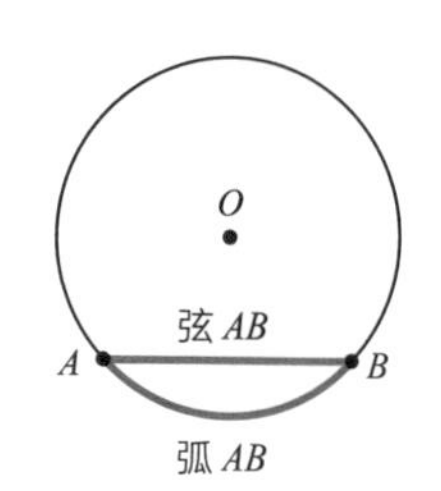

不管是哪里的弦，都是直挺挺的一

根，所以围成弓形的线段叫作弦。要是哪天摸不准了，可以回想一下吉他的弦。

> **定义** 弦与弧
> 连接圆上任意两点的线段叫作弦。圆上任意两点之间的部分叫作弧。

圆与弧

先来说说弧。

取圆上任意两点，可以截取一部分圆周，这部分就叫作弧。右图中用红线标粗的弧 AB 表示为 $\overset{\frown}{AB}$，读作弧 AB。

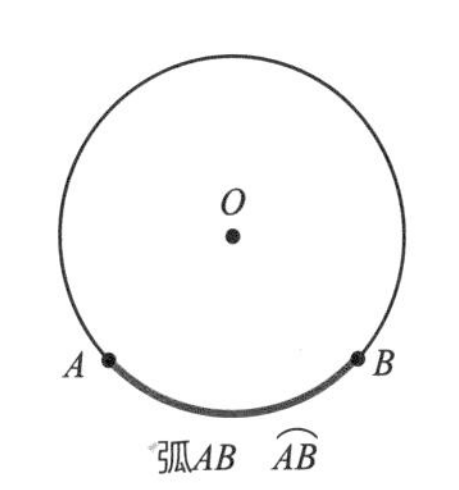

不过大家要注意，图中未标粗的部分也可以用 $\overset{\frown}{AB}$ 来表示。因为弧就是圆周的一部分，与长短无关。

可如果都用 $\overset{\frown}{AB}$ 来表示，我们就没法区分长一些的弧（优弧）和短一些的弧（劣弧）了。

如果没有特别说明，一般默认 $\overset{\frown}{AB}$ 指的是较短的劣弧。当我们想要表示较长的优弧时，可以在弧上再取一点 P，用

$\overset{\frown}{APB}$ 来表示。

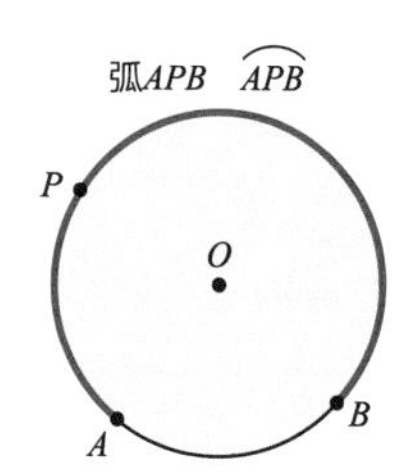

如右图所示，将圆心 O 分别与弧 AB 的两个端点相连，形成$\angle AOB$。此时，$\angle AOB$ 叫作 $\overset{\frown}{AB}$ 所对的圆心角。也可以说，$\overset{\frown}{AB}$ 是$\angle AOB$ 所对的弧。

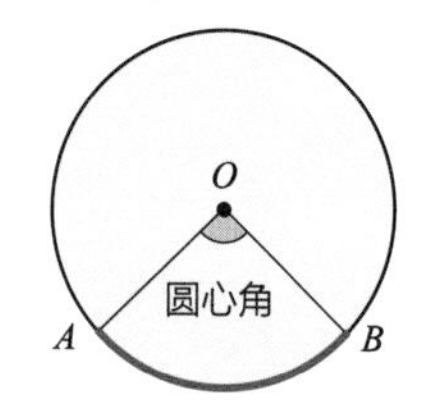

弧长与圆心角之间，存在以下关系。

圆心角与弧的关系

1 在同一个圆或半径相等的圆中，若圆心角相等，则其对应的弧长相等。

2 在同一个圆或半径相等的圆中，若弧长相等，则其对应的圆心角相等。

3 弧长与其对应的圆心角大小成正比。

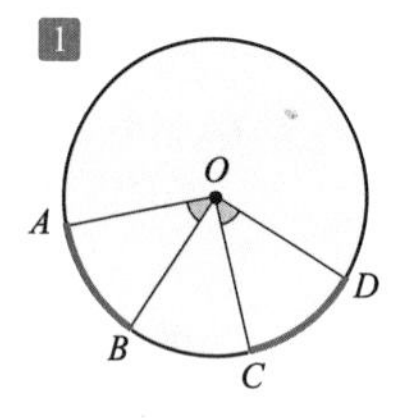

若$\angle AOB = \angle COD$，
则$\overset{\frown}{AB} = \overset{\frown}{CD}$

2

若$\overset{\frown}{AB} = \overset{\frown}{CD}$，
则$\angle AOB = \angle COD$

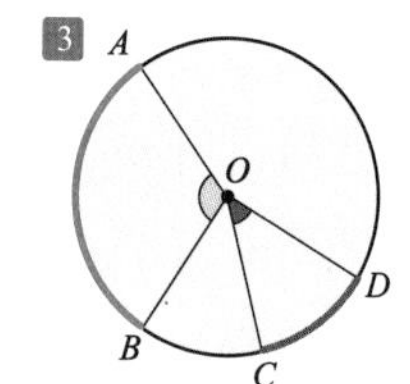

$\overset{\frown}{AB} : \overset{\frown}{CD} = \angle AOB : \angle COD$

圆与弦

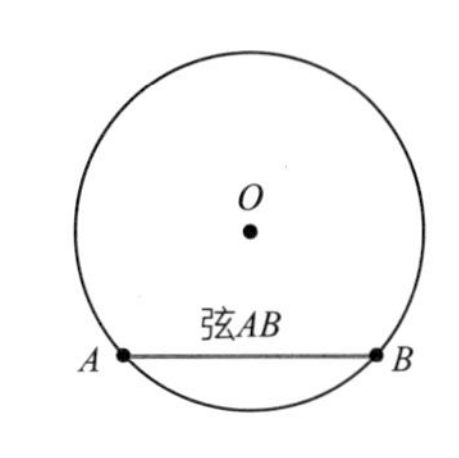

连接圆上任意两点的线段叫作弦，用 $\overline{AB}$ 或直接用 AB 表示。

我个人比较喜欢前一种表示方法，因为更准确，不过现在的课本上一般都直接表示为 AB。

问大家一个问题，

“一个圆中最长的弦是哪一条？”

没错，就是这个圆的直径。

同时，弦还具有如下性质。

> 圆心与弦
>
> 1 过圆心作弦的垂线，该垂线平分弦。
>
> 2 圆心与弦中点的连线垂直于该弦。
>
> 3 弦的垂直平分线必过圆心。

将圆心 O 分别与弦的两端，即点 A、点 B 相连，会形成一个等腰三角形 OAB（OA、OB 为半径，所以 $OA=OB$）。以上三个性质我们将在学习等腰三角形性质时做详细解释。

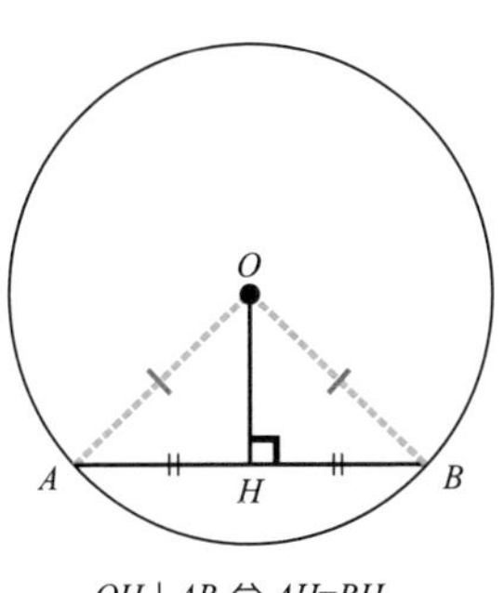

$OH\perp AB \Leftrightarrow AH=BH$

扇形　吃豆人也是扇形的!

关键词! ……扇形、圆心角

切蛋糕

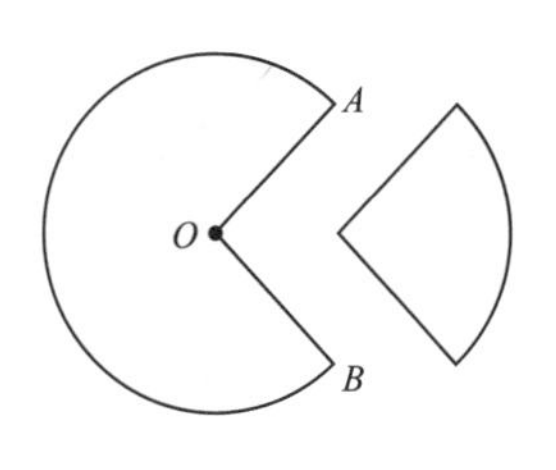

假设我们现在要切开一个圆形蛋糕。如右图所示，我们先沿着半径 OA 切了一刀，之后沿着半径 OB 切了第二刀，就得到了一块形状如扇子一样的蛋糕。这样用两条半径切分出来的圆的一部分就叫作“扇形”。

不过有些喜欢吃甜的朋友，可能会选择另一部分较大的蛋糕。这一部分也是用两条半径切分形成的，自然也是扇形。以前有个很流行的游戏叫“吃豆人”，里面的角色就是这个形状，它们也都是扇形哦。

扇形的两条半径组成的角叫作扇形的圆心角。圆心角大于 180° 的扇形，看起来就像是吃豆人的形状啦。

定义 扇形与圆心角

由两条半径切分成的圆的部分叫作“扇形”。由扇形两条半径组成的角叫作圆心角。

扇形的弧长与面积

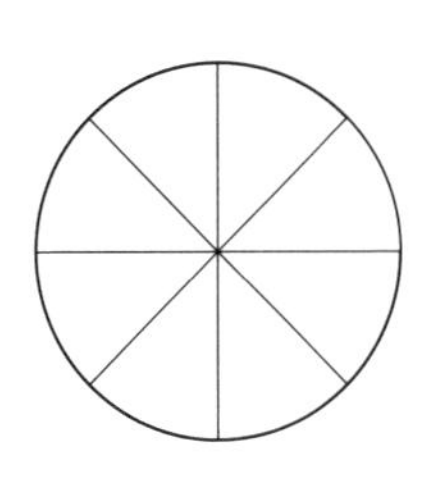

常见的比萨都会如右图所示分成8等份，所以要想求出一个扇形的面积，只要先求出整个圆的面积，再除以8（或者乘上$\frac{1}{8}$）就可以了。

扇形的弧长和面积都与其圆心角成正比，因此可以通过如下方式求出：

① 求出整个圆的周长或面积。

② 根据圆心角大小进行计算。

此刻正在阅读本书的家长朋友们！如果您的孩子还在为求扇形面积或弧长而烦恼，请您对照以上两个步骤，先确定他到底是对哪个步骤理解不清楚。

人们往往会觉得，“既然是关于扇形的问题，那肯定是在第二步卡住了吧。”但实际上，卡在第一步的孩子们可不在少数。

刚刚讨论比萨问题的时候，我们假设比萨被分成了 8 等份，所以结论很简单，只能算个开胃菜。下面这道题才是正餐。

【题目】

求右图中扇形的面积。

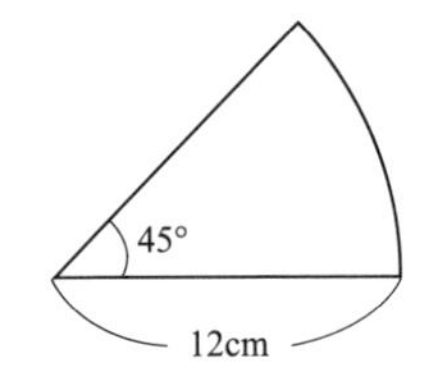

切比萨公式

感觉到和刚刚比萨题的不同了吗？

刚才我们看到的是一整个圆，但这道题只给了一个单独的扇形。如果不能想象出扇形所在的完整的圆，那我们就会被困在求扇形面积的第一步。

来试着想象一下扇形原来所在的圆，如右图所示。

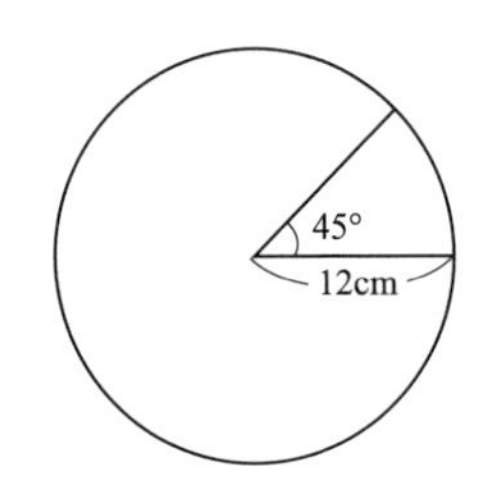

这样一来，求面积的第一步就完成了。下面是第二步。一周是 360°，而扇形圆心角是 45°，因此

它的面积就是整个圆的$\frac{45}{360}$，也就是$\frac{1}{8}$。

$$扇形面积 = 圆面积 \times \frac{圆心角}{360^\circ}$$

$$= 12 \times 12 \times \pi \times \frac{45}{360}$$

$$= 18\pi (cm^2)$$

答　$18\pi cm^2$

顺便再求个弧长。

$$弧长 = 圆周长 \times \frac{圆心角}{360^\circ}$$

$$= 2 \times 12 \times \pi \times \frac{45}{360}$$

$$= 3\pi (cm)$$

答　$3\pi cm$

以上计算方法可以总结为“切比萨公式”，或者也可以叫它“切蛋糕公式”。

公式 扇形的弧长与面积

设扇形的半径为r，圆心角为x°，弧长为l，面积为S，则

$$l = 2\pi r \times \frac{x}{360},\quad S = \pi r^2 \times \frac{x}{360}$$

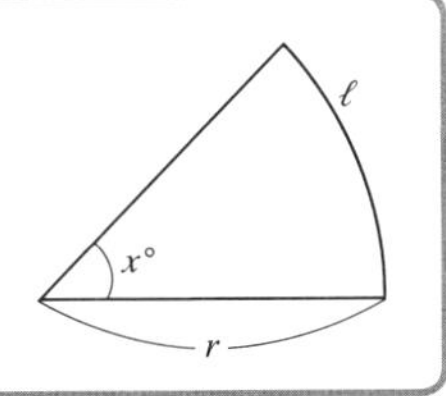

假三角形公式

扇形是由两条半径截取的圆的一部分，所以在求面积时，自然要想象它原来所在的圆。

不过，数学中还有另一种求扇形面积的方法，我称之为“假三角形公式”！

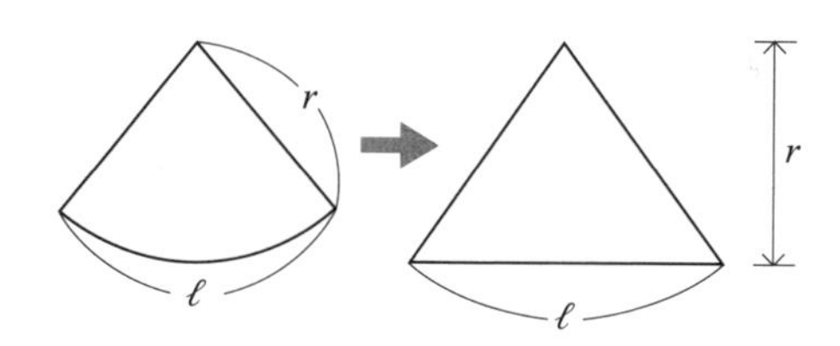

如果要求左侧扇形的面积，可以将它想象为右侧的三角形，利用三角形面积公式进行计算。

面积 = 底 × 高 ÷ 2

$= l \times r \div 2$

$= \dfrac{1}{2} lr$

这个方法真的可以吗?

看到这里大家肯定会担心了，真的可以用这种方法吗？其实是可以的。

想象一卷无芯卫生纸。

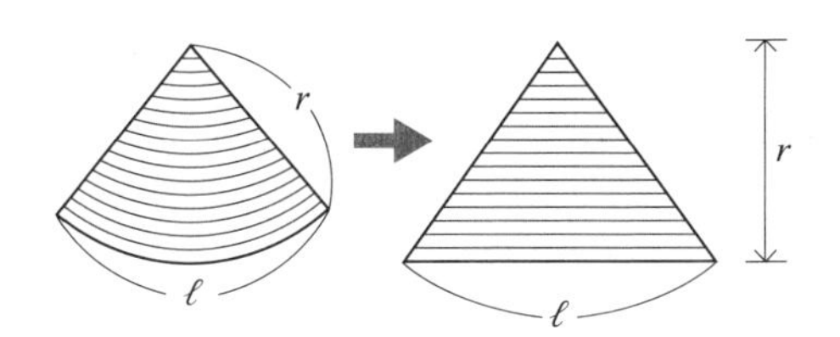

从上方用两条半径截取出一个扇形。此时它既是一个扇形，又能展开成为一个三角形。也就是说，此时三角形和扇形的面积是相等的。

下面的事情就很简单了，直接套用三角形面积公式即可。

公式 扇形的面积

设扇形的半径为 r，弧长为 l，面积为 S，则

$$S=\frac{1}{2}lr$$

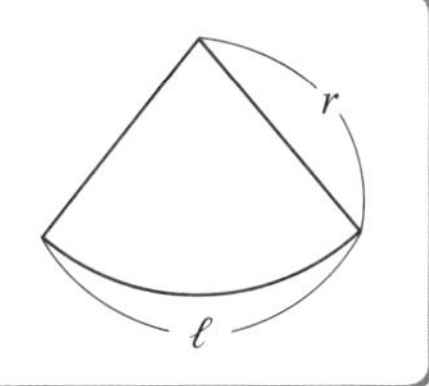

利用这种方法，可以在不知道圆心角的情况下，通过弧长和半径求出扇形面积，特别方便。

如果你在洗手间看到了无芯卫生纸，可以试着用它做个实验！

基础篇

圆的切线

既不相交，也不相离。

关键词！……相切、切线、切点、公共点

 直线与圆的位置关系

本节要讲的，又是位置关系。

我们之前讲过，平面上两直线的位置关系，只有平行和相交两种。

而本节我们要说的，是直线与圆的位置关系。

直线与圆……对了，可以用铅笔和胶带来表示。大家也试着摆摆看。

摆法（位置关系）一共有三种。

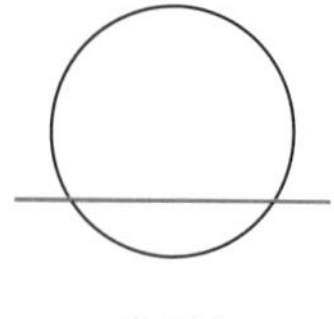

① 相交

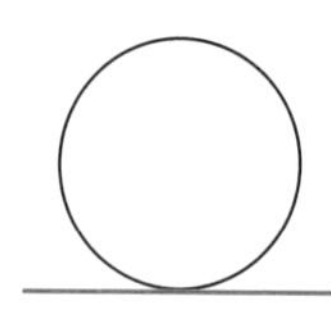

② 紧贴

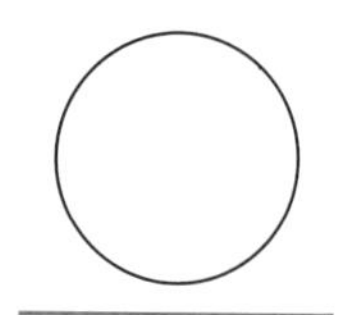

③ 分离

难懂的切线

我们需要对“紧贴”这种情况做个准确定义。

定义 圆与切线

如果圆与直线只有一个公共点（紧贴），则称这条直线与圆相切。这条直线叫作圆的切线，公共点叫作切点。

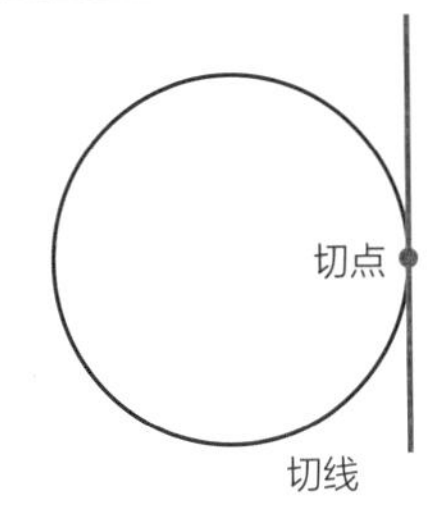

初中课本一般都是这样定义切线的。但实际上，切线的严格定义会涉及极限、微分等很复杂的概念，大概是下面这样：

P 和 Q 是曲线上邻近的两点，P 是定点，当 Q 点沿着曲线无限接近 P 点时，直线 PQ 会无限接近某直线 l，此时，直线 l 就是该曲线在点 P 处的切线，P 点叫作切点。

是不是让人摸不着头脑。

课本上一般会在以上说明的基础上，给出如右图示。

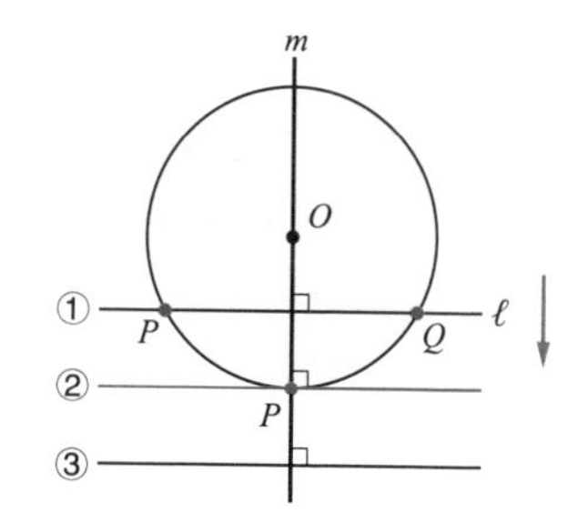

当直线位于位置①时，圆与直线相交，存在两个公共点。

保持直线始终垂直于直径 m，使其向圆的外侧移动。刚才的两个公共点会不断接近，直到重合（位置②）。此时，圆与直线相切。从这幅图还能看出，圆的切线垂直于过其切点的半径。这个性质非常重要。

切线的性质

圆的切线垂直于过其切点的半径。

如果我们继续向外移动这条直线，圆与直线会进入相离状态（位置③）。很显然，此时它们没有公共点。

整个过程中，公共点个数的变化是：

2 个→ 1 个→ 0 个

第2章
立体几何基础

阿基米德（约公元前 287—前 212）

古希腊天才数学家、物理学家、工程师。出生于西西里岛的叙拉古城，在第二次布匿战争中被罗马军杀害。有过诸多成就，如发现阿基米德原理、计算出圆周率近似值等。

平面的确定

按住那些蠢蠢欲动的广告牌！

关键词！……平面、曲面、包含、平面的确定

何为三维空间?

地图一般是平面的，只要有南北和东西两条轴线，就能用坐标来表示地图上的所有点。此时坐标轴有两条，这样的世界叫作二维空间。

而我们实际生活的世界，还有上下这条轴线，这样需要三条轴来表示的空间叫作三维空间。人们常说的空间一般指的就是三维空间。

约人见面的时候，如果只说“在○△大楼见”，两个人很可能错过。这时要注意空间第三维（上下轴）的存在，说清楚是“在○△大楼 5 层见”才行。

还有一件很重要的事——时间，一定要记得提前说好。

现在的我们就算跑到京都的二条城，也不可能见到德川庆喜；就算跑到奈良的明日香村，也不可能见到中大兄皇子。[一] 因为（按照目前的技术）我们无法在时间这条轴上反向移动。如果再加上时间轴，那就是四维时空了。

本章我们主要学习三维空间（简称空间）中的几何基础。

什么是平面？

在二维空间（平面）的学习中，我们最先定义的是直线。而在三维空间的学习中，我们最先要定义的是平面。

> **定义** 平面
> 过某一面上任意两点的直线，如果能被这个面完全包含，则这个面为平面。

乍一看好像有些莫名其妙，我们来展开讲讲。

大家准备一个垫板，假设它为平面 P，上面有 A、B 两点。此时作直线 AB，可以直接将直线画在垫板上，这就是所

[一] 这两位都是日本历史上的人物。——编者注

谓的“直线 AB 被平面 P 完全包含”。

由于直线可以向两端无限延长，所以包含这一直线的平面也是可以无限扩大的，切记这一点！

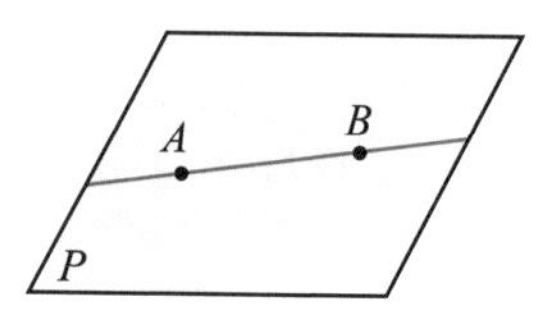

不过话又说回来，“过某一面上任意两点的直线，能被这个面完全包含”，这是显而易见的吗？其实它需要一个前提，就是垫板（平面 P）是完全平坦的。

下面我们来考虑另一种情况。

存在过某一面上两点的直线，不能被这个面完全包含。

只要让垫板稍稍弯曲，如下图过 A、B 两点的直线就不能被垫板这个面完全包含，因为直线 AB 会穿过这个面。这样的面叫作“曲面”。

平面的确定

我家附近有家煎饼店，每次一刮风，店门口那个写着“营业中”的广告牌就会被吹得团团转。这是因为广告牌并没有被完全固定，只有上下两处是被金属扣锁牢的。

忽然有一天刮起了大风，这块牌子被吹得摇摇摆摆，十分危险。原来是下面的金属扣开了，只剩下广告牌上方的一个金属扣还固定着。

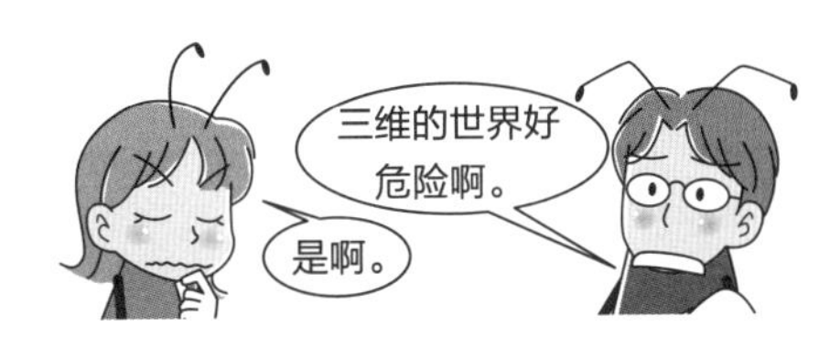

这个场景中的广告牌，代表的就是一个平面。

如果只有一个金属扣，平面会摇摇摆摆；如果有两个金属扣，平面会团团转。

那如何才能固定住一个平面呢？很简单，只要三个“金属扣”就可以了。要想在无数平面中确定其中一个，需要至少三个点。

> **平面的确定**
>
> 不在同一直线上的任意三点，可以确定一个平面。

过点 A、B、C 的平面，可以表示为平面 ABC。

桌子为何摇晃?

房间门之所以能开关，是因为它只固定了两个点。一旦上锁，也就是固定了第三个点，门就无法打开了。

具体来说，在以下前提下，我们只能确定唯一的平面。

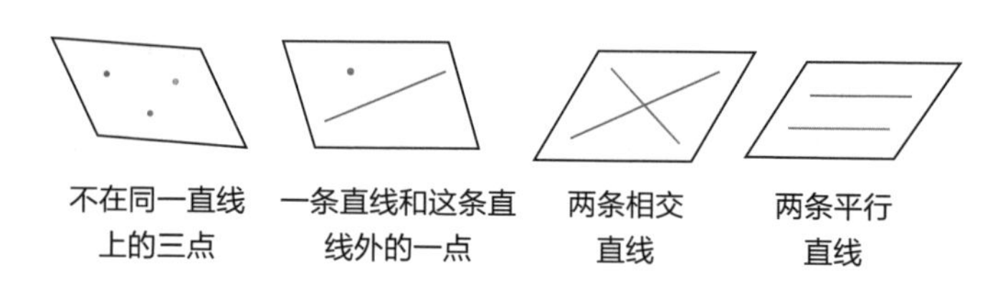

三脚架，平时运动会拍视频时经常用到。“三脚”之所以稳定，就是因为它能确定一个平面。

而四个脚的桌子经常会晃晃荡荡，这是为什么呢?

设桌子的四个脚尖为 A、B、C、D，这四个点能确定平面 ABC、ABD、ACD、BCD，足足四个平面。只要这四个平面没有完全重合，桌子就会摇晃。而那些稳稳当当的桌子，都是要经过精心制作的。

直线与直线的位置关系

之前我们通过桌子上的两支铅笔，了解了平面上两条直线的位置关系可以分为平行和相交两种。

这次我们去掉“桌子上”这个条件，来讨论空间内两直线间的位置关系。

大家还是先拿出两支铅笔，试试看可以怎么摆。

我的学生们在课上，有的会把铅笔举过头顶，有的会放在桌子下面……摆放方法五花八门。在这个过程中，他们会发现两支铅笔之间有不同于平行、相交的第三种关系。

定义 异面

空间内既不平行、也不相交的两条直线，它们的关系叫作异面。

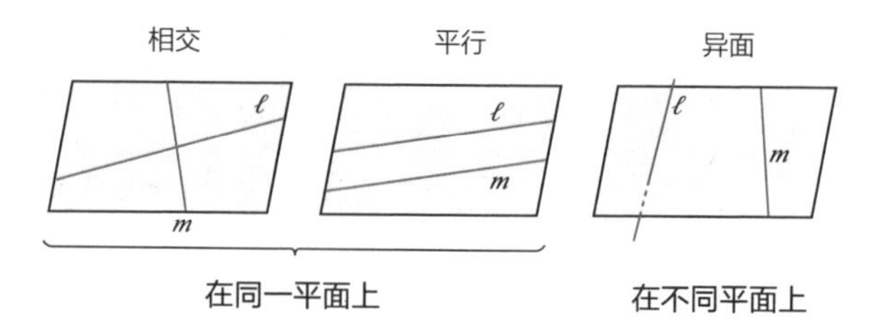

先将两支铅笔平行抓在手中，然后扭转其中一根的方向，就会出现异面关系。

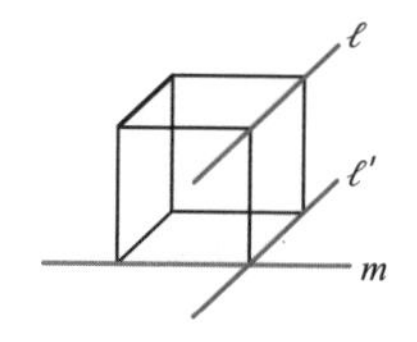

比如右图中，直线 l 与 l' 平行，稍稍扭转直线 l' 的方向，得到新的直线 m。此时直线 l 与 m 的空间关系就是异面了。

高速公路上的立交桥之间就是异面关系。立交桥上没有十字路口，也不需要红绿灯。这样的异面关系能够起到缓和交通拥堵的作用。

寻找异面关系！

考试时，我们只能看到试卷上的立体图形而无法直接看到真实情况，所以很多同学反映自己找不到异面关系。这其实是个习惯成自然的过程，不过在习惯养成之前确实比较困难。刚开始我们要利用异面的定义，耐下性子，慢慢思考。

请找出右图中与 BF 异面的边。

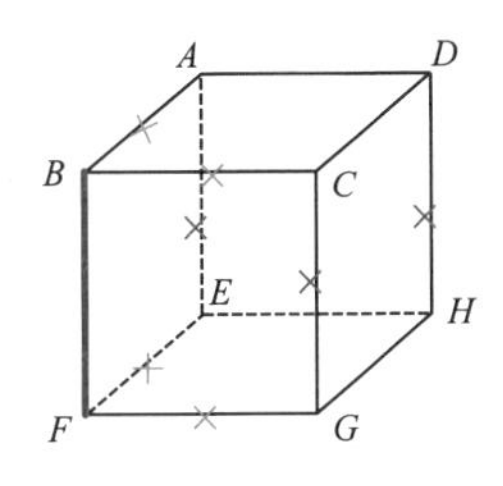

所谓异面，是指既不平行、也不相交的两条直线间的位置关系，所以我们先排除与 BF 平行和相交的边。

与 BF 平行的边用 × 标记（AE、CG、DH）；与 BF 相交的边用 × 标记（AB、CB、EF、GF）。此时没有被标记的边，也就是 AD、CD、EH、GH 就是我们要找的边。

说到底，只要掌握定义，这些问题都能轻松解决，最多就是要花些时间。

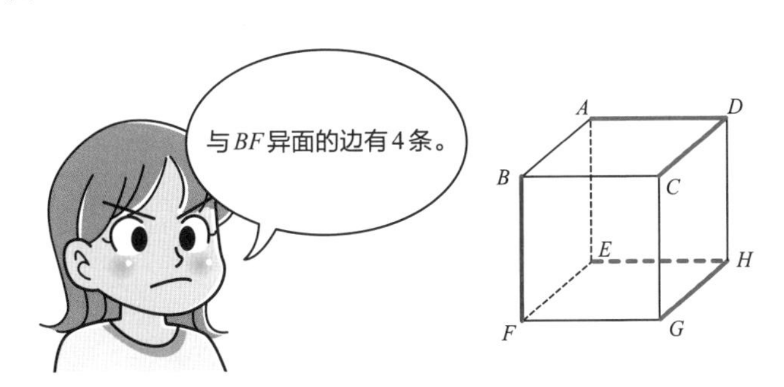

基础篇

直线与平面、平面与平面的位置关系

比萨斜塔并不垂直于地面！

关键词！……平行、垂直、垂线、距离

直线与平面的位置关系

试想一下直线与平面之间的位置关系，不外乎以下三种。

① 直线 l 完全被平面 P 所包含（在平面 P 上）。

② 直线 l 与平面 P 有一个交点。

③ 直线 l 与平面 P 没有交点。

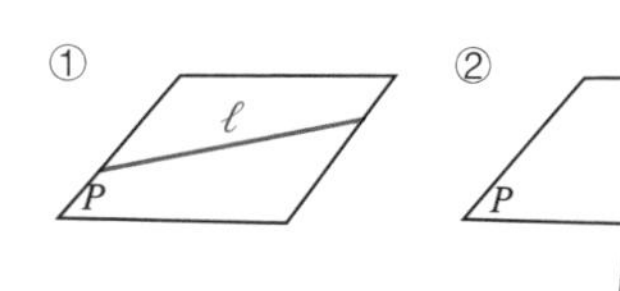

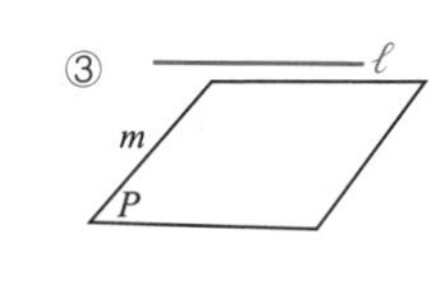

第③种情况叫作平行。

> **定义** 直线与平面平行
>
> 当直线 l 与平面 P 没有交点时，l 与 P 平行，记作“$l \parallel P$”。

有趣的是，我从来都没有看到过 $P \parallel l$ 这种写法，可能先写直线是一种惯例。

与平面垂直的直线？

比萨斜塔

右图是位于意大利比萨市的比萨大教堂钟楼，也叫比萨斜塔。它是我一直想亲眼参观一下的景点。

这座斜塔之所以吸引着络绎不绝的游客，原因之一就是“斜”。虽然说起来有点奇怪，但如果它是笔直的，观光价值可能反而会下降。

那么问题来了，垂直立在地面上又是一种什么样的状态呢？对于直线与平面垂直，数学中是这样定义的：

> **定义** 直线与平面垂直
> 若直线 l 垂直于平面 P 上的所有直线，则 l 与 P 垂直，记作“$l \perp P$”。直线 l 叫作平面 P 的垂线。

注意，$l \perp P$ 也不能写作 $P \perp l$。

定义中说到了“垂直于平面 P 上的所有直线”，这是不可能一一确认的。

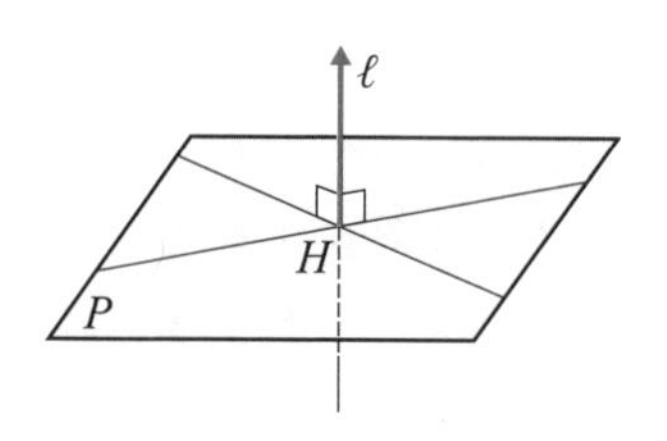

但仔细想想，其实直线 l 只要与平面上两条相交直线都垂直就足够了（两条相交直线确定一个平面）。

因此，当我们判断一个建筑物是否垂直于地面时，只要在地上画两条不同方向的线，然后测量该建筑物是否垂直于这两条线即可。

> **直线与平面垂直**
>
> 若直线 l 垂直于平面 P 上的两条相交直线，则 l 与 P 垂直，记作“$l \perp P$”。

不管一栋建筑物看起来如何笔直，也不能只测试其与一条直线的关系后就妄下结论，最少也要测试两条。

在实际生活中，我们可以用三角板或矩尺（木匠师傅常用）的直角部分来进行确认。

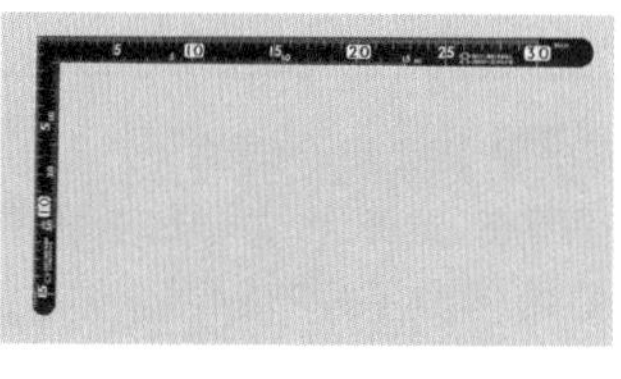

矩尺

平面外一点到平面的距离

讲完了垂直，就可以定义平面外一点到平面的距离了。

定义 平面外一点到平面的距离

平面 P 外有一点 A，过点 A 作平面 P 的垂线，垂足为 H。线段 AH 的长度就是点 A 到平面 P 的距离。

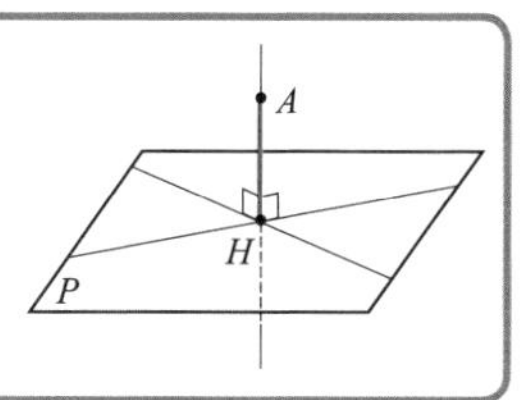

此外，若直线 l 与平面 P 交于点 O，过直线 l 上一点 A 作平面 P 的垂线，垂足为 H。此时 $\angle AOH$ 叫作直线 l 与平面 P 的夹角。

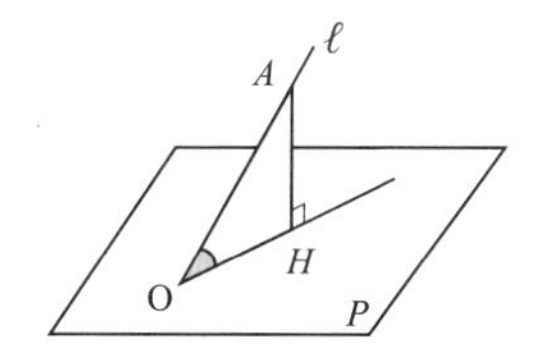

平面与平面的位置关系

接下来要讨论的是平面 P 与平面 Q 的位置关系，只有以下两种情况，非常清晰明了。

① 平面 P、Q 相交。

② 平面 P、Q 平行。

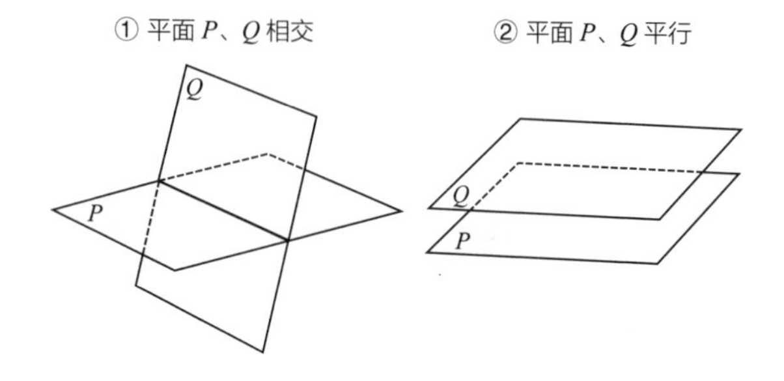

想象一下房间里的地板和房顶，你就能明白什么是两平面平行了。

定义 两平面平行

平面 P、Q 没有公共点，则 P 与 Q 平行，记作“$P \parallel Q$”。

当 $P \parallel Q$ 时，平面 Q 上任意一点到平面 P 的垂线长度都相等。

定义 两平行平面间的距离

当两平面 P、Q 平行时，从平面 Q 上任意一点 A 出发作平面 P 的垂线，垂足为 H。此时，线段 AH 的长度即为两平面间的距离。

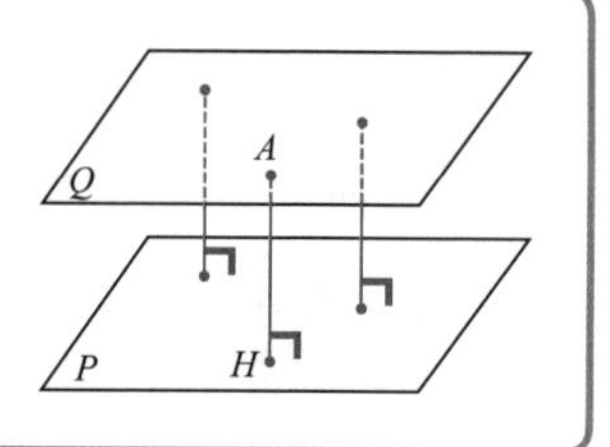

什么是平面与平面垂直?

最后我们来讨论两平面相交的情况。

两平面相交时，相交的部分会形成一条直线，它就是两平面的“交线”。

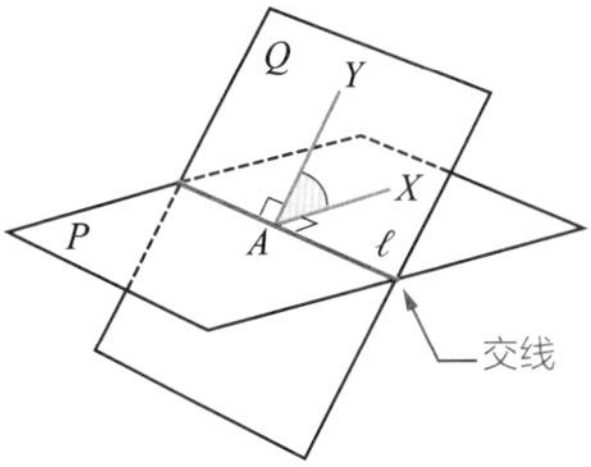

取两平面 P、Q 交线 l 上一点 A，在平面 P 上过点 A 作直线 l 的垂线 AX，在平面 Q 上过点 A 作直线 l 的垂线 AY。$\angle XAY$ 的大小固定，且与点 A 的位置无关，这就是平面 P 与 Q 的夹角。

Q
Y
X
P
A
ℓ
交线

定义 两平面垂直

当两平面 P、Q 的夹角为直角时，两平面互相垂直，记作“$P \perp Q$”。

原来这就是两平面的夹角（二面角）啊!

柱体与锥体 帮我取个适合我的好名字吧！

关键词！……柱体、锥体、棱柱、棱锥、圆柱、圆锥

 什么是多面体？

由平面或曲面围成的立体图形叫作空间几何体，简称几何体。我们先来讨论由平面围成的几何体。

定义 多面体

由若干个平面多边形围成的几何体叫作多面体。

多面体还可以根据其面的个数，分为四面体、五面体、六面体等。如果它有 20 个面，那它就叫作二十面体。

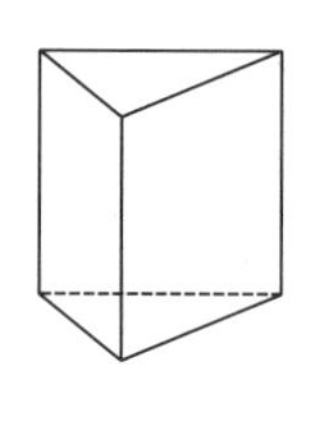

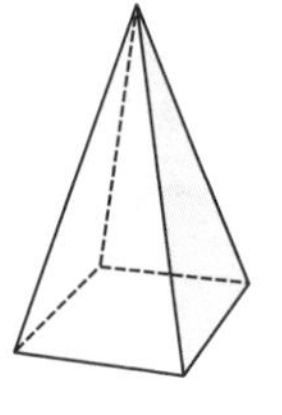

这个命名方式确实简单，但这也导致了人们在听到“五面体”这个词时，脑海中会浮现出各种不同的图形。

上图中的两个几何体都是五面体，但却形状迥异。

柱体与锥体

因此，人们创造了另一种几何体的命名方式，不是根据面的数量，而是根据图形特征。

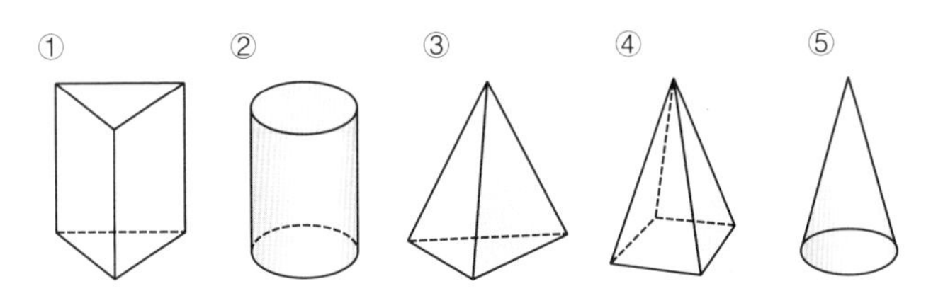

我们先大概了解一下。

上图中，①和②的上下两个面是全等图形且平行，这样的几何体叫作柱体。根据底面形状不同又可以分为三棱柱、圆柱等。

而③～⑤的顶部都是尖角，这样的几何体叫作锥体。同样可以根据底面形状不同分为三棱锥、四棱锥、圆锥等。

虽然①和④都是五面体，但我们可以通过三棱柱、四棱锥这两种称呼来加以区分。

所以在几何体底面为多边形的情况下，建议选择这种命名方式。

定义 **棱柱与棱锥**

由两个平行且全等的多边形及若干平行四边形围成的几何体叫作棱柱。

由一个多边形及若干有一个公共顶点的三角形围成的几何体叫作棱锥。

用最合适的名字称呼我！

前面我们已经提到过，棱柱可以根据底面形状分为三棱柱、四棱柱、五棱柱……同样，棱锥也可以根据底面形状分为三棱锥、四棱锥、五棱锥……

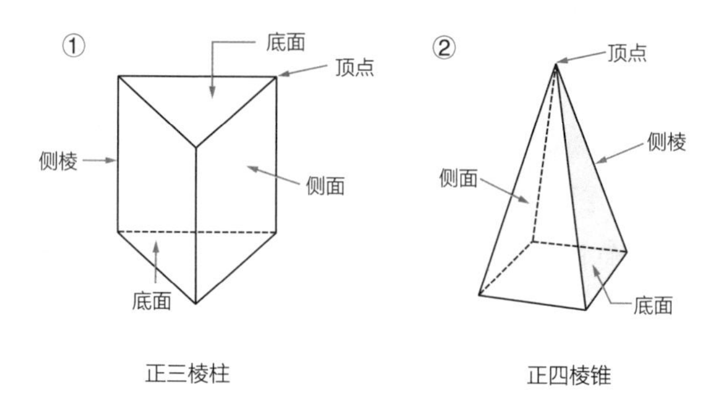

正三棱柱　　　　正四棱锥

底面为正多边形，侧面所有四边形都全等的棱柱叫作正棱柱。上图①就是一个正三棱柱。

同样，底面为正多边形，侧面所有三角形都全等的棱锥叫作正棱锥。上图②就是一个正四棱锥。

这两个几何体都是五面体，但我们最好把它们叫作三棱柱和四棱锥。如果说成是正三棱柱、正四棱锥的话就更加严谨了。在考试中，要注意用最符合图形特征的名字来称呼它们。要是我在试卷上看到“五面体”这样的答案，会毫不留情打 × 的。

下面我们来谈谈“高”，求几何体的体积和表面积的时候都会用到它。

棱柱和圆柱的高就是两个底面之间的距离，而棱锥和圆锥的高则是顶点到底面的距离。

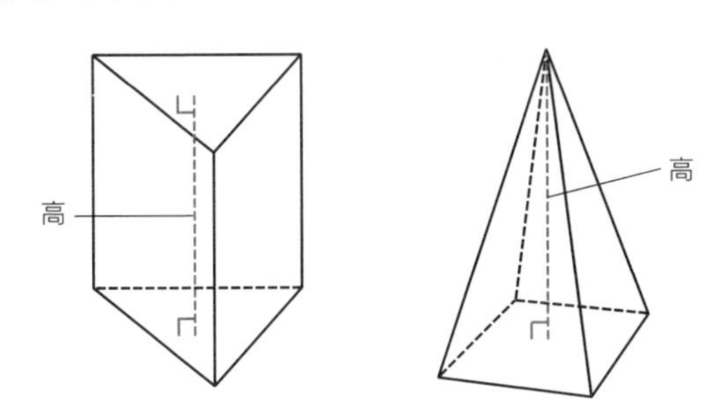

基础篇

正多面体 集齐 5 人，召唤正多面体！

关键词！……正多面体、多面体欧拉公式

正多边形围成的多面体

有一种叫作长方体的立体图形（右图），是所有面都为长方形的六面体。虽然所有底面为四边形的棱柱都叫四棱柱，但这个图形的底面是一种特殊的四边形——长方形，所以我们一般用长方体来称呼它。

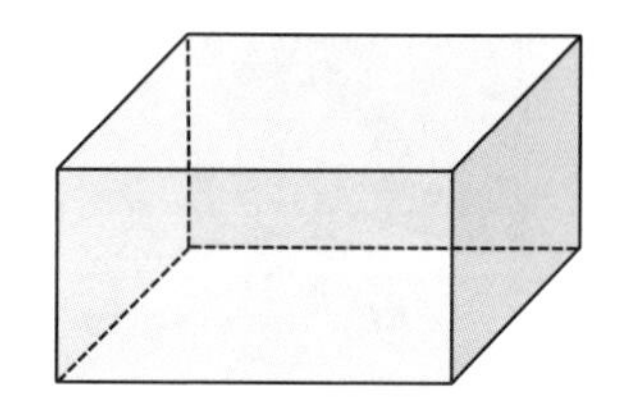

还有一种特殊的多面体，它的每一个面都是正多边形，我们来看看它的定义吧。

定义 正多面体

所有面都是全等的正多边形，
每个顶点所接的表面数相等，
没有任何凹陷的几何体叫作正多面体。

我把定义分成了三行，方便阅读。

要想成为正多面体必须同时满足这三个条件，所以正多面体数量很少，只有下面 5 种。它们也被称为柏拉图立体。

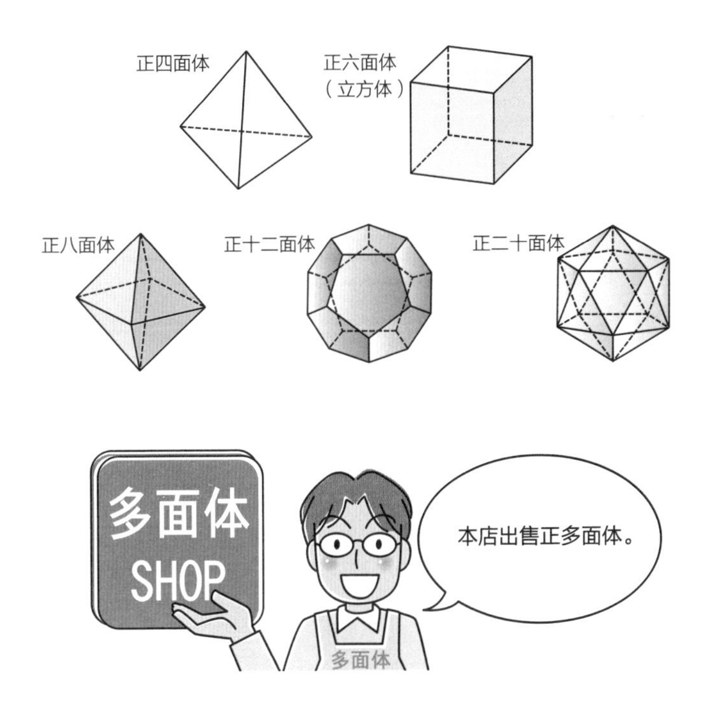

我能成为正多面体吗?

有一种图形经常被人误以为是正多面体。

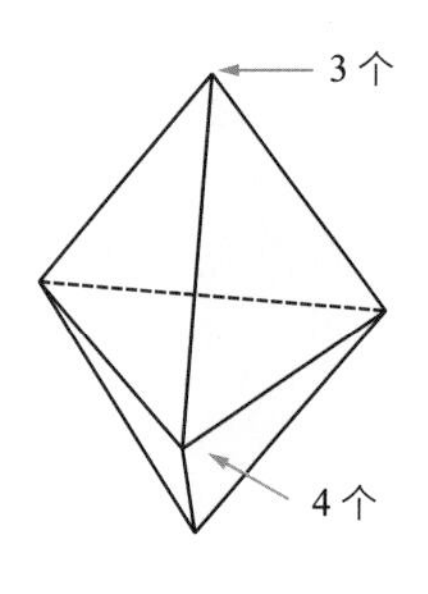

准备两个一样的正四面体，将它们按右图所示拼在一起。得到的图形由 6 个正三角形（等边三角形）构成，但它却并非正多面体，这是为什么呢?

因为它不满足正多面体定义的第二个条件，如图所示，它的有些顶点所接表面数是 3，而有些顶点所接表面数却是 4，所以很可惜，它并不是正多面体。

为什么只有 5 种?

正多面体真的只有 5 种吗？我们来想想看。

正四面体、正八面体、正二十面体，都是由正三角形所组成的。如果我们去数一下它们每个顶点所接的表面数，就会发现……

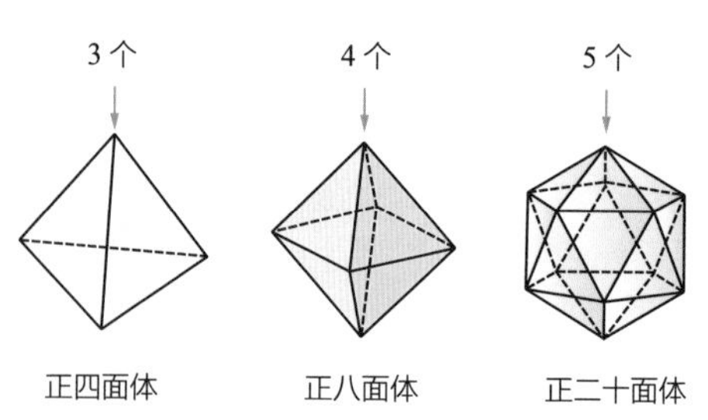

正四面体　　正八面体　　正二十面体

正四面体…………3

正八面体…………4

正二十面体………5

看到这里，你一定会想，“只要找到一个由正三角形组成的多面体，每个顶点所接的表面数是6，不就能找到新的正多面体了嘛！”但这是不可能的。

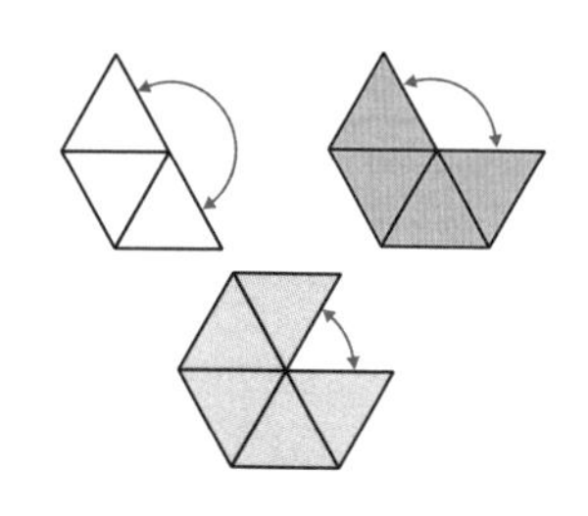

※ 箭头所示为“角亏”，即一个顶点处的面角和与周角（360°）的差。在包括正多面体在内的任意凸多面体中，所有顶点的角亏相加等于720°（角亏公式）。

因为正三角形的每个内角都是60°，如果6个正三角形都汇集于同一点，60°×6=360°，也就是说，它们会构成一个平面，没法形成立体图形。

正方形、正五边形、正六边形都是同样的道理，大家可以自己算一下，就能完全理解为什么正多面体只有5种了。

多面体欧拉公式

5种正多面体的面的形状、每个顶点所接表面数、顶点数、表面数、棱数汇总如下表。

神奇的是，正六面体和正八面体的棱数居然是一样的，正十二面体和正二十面体的棱数也一样。

	正四面体	正六面体	正八面体	正十二面体	正二十面体
面的形状	正三角形	正方形	正三角形	正五边形	正三角形
每个顶点所接面数 K	3	3	4	3	5
顶点数 V	4	8	6	20	12
表面数 F	4	6	8	12	20
棱数 E	6	12	12	30	30
$V+F-E$	2	2	2	2	2

一般来说，若正 F 面体的每个顶点与 K 个正 n 边形相接，则可以通过以下公式求出其棱数和顶点数。请大家务必自己算算看。

$$\text{棱数} = n\times F\div 2 \qquad \text{顶点数} = n\times F\div K$$

此外，这个表中还有一个更神奇的公式！

公式 **多面体欧拉公式**

对于空间内的凸多面体，设其顶点数为 V、表面数为 F、棱数为 E，则有:

$$V+F-E=2$$

这个公式不仅适用于正多面体，还适用于所有的凸多面体。请大家一定要自己动手算一算！

这个公式是以瑞士数学家欧拉（1707—1783）的名字命名的，在许多领域都有以欧拉命名的公式。

欧拉

基础篇 旋转体 面的移动能产生多面体！

关键词！……旋转体、母线、直观图

熄灭后的手持烟花

日本夏天会举办花火大会。在夜空中绚烂绽放的烟花固然好看，但我却更喜欢小小的手持烟花，因为它的光芒是独一无二的……当然，这都不重要。

我想说的是，手持烟花熄灭后，常常会有红色的火星残留在最前端。往空中挥一挥，它就会留下一道残影，大家应该都看到过吧？这就是点动成线。

那如果我们让线移动呢？

假如平面上有一根3cm长的线段，我们让它沿垂直方向移动4cm，就会得到一个3cm×4cm的长方形。这就是线动成面。

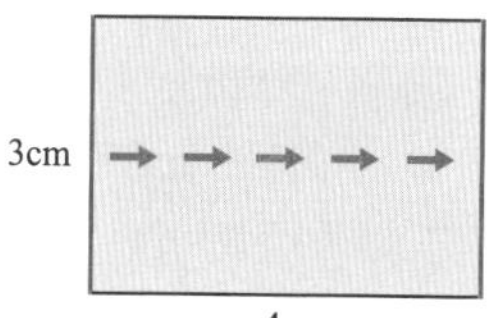

而面动成体。棱柱和圆柱都可以看作是由底面向垂直方向移动而形成的。

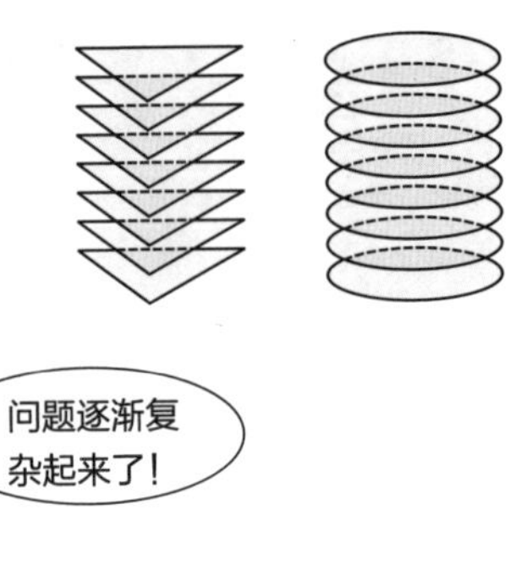

问题逐渐复杂起来了！

再旋转一下试试看！

如下图所示，分别让直角三角形、长方形和半圆以直线 l 为轴旋转，会形成什么样的图形呢？

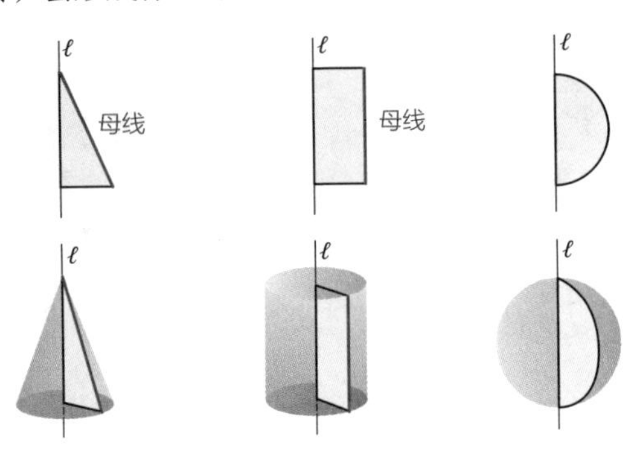

定义 旋转体

一个平面图形绕着其所在平面上一条定直线 l 旋转一周形成的封闭立体图形叫作旋转体。直线 l 叫作旋转轴。

正如图中所画，直角三角形、长方形、半圆旋转后分别形成了圆锥、圆柱和球体，这些图形都属于旋转体。而图中用红色标记的线段，也就是旋转之后形成的圆柱或圆锥侧面的线段叫作母线。

在平面上画出立体图形！

用垂直于旋转轴的平面切割旋转体，截面一般都是圆形。

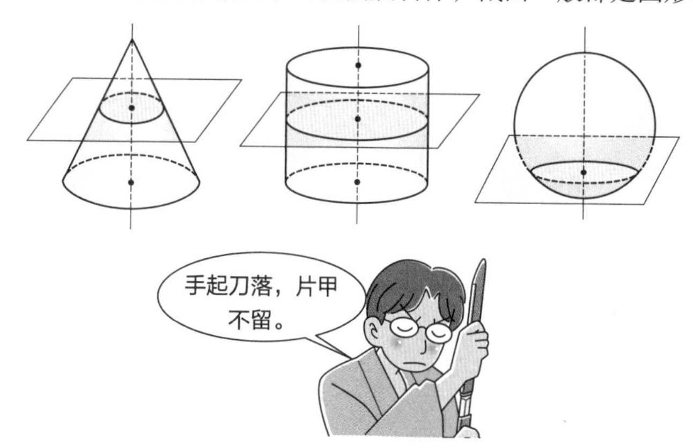

之前一直没有机会和大家强调，其实要在平面上体现出立体图形是很困难的。具体来说，有以下几种形式，我们先从其中一种入手。

- 从多视角绘制的投影图
- 从一个视角绘制，体现图形整体特征的直观图
- 将图形平摊后得到的展开图
- 用某个平面截断立体图形后，反映截面形状的截面图

为了把握图形的整体特征，本书中最常出现的是直观图。

不会游泳的人要带救生圈！

如右图所示，当平面图形与旋转轴相离时，也能形成旋转体。

“可是它离轴那么远，没法转啊！”

说得没错，这下就要考验我们大脑的灵活程度了。

能想象出来吗?

请看旋转后的直观图，大概类似甜甜圈或救生圈的形状。

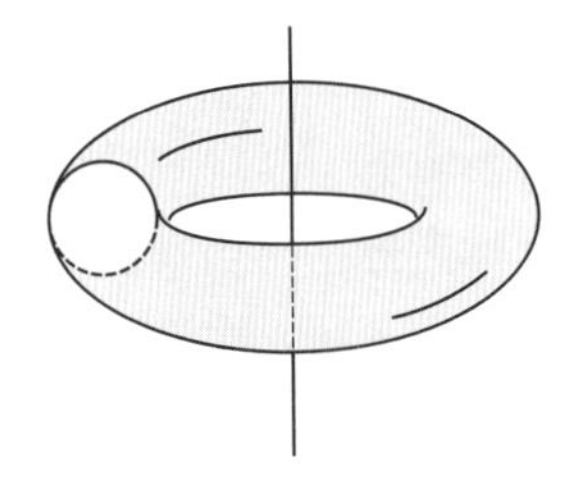

这个图形在数学里非常有名，它的名字叫圆环体。

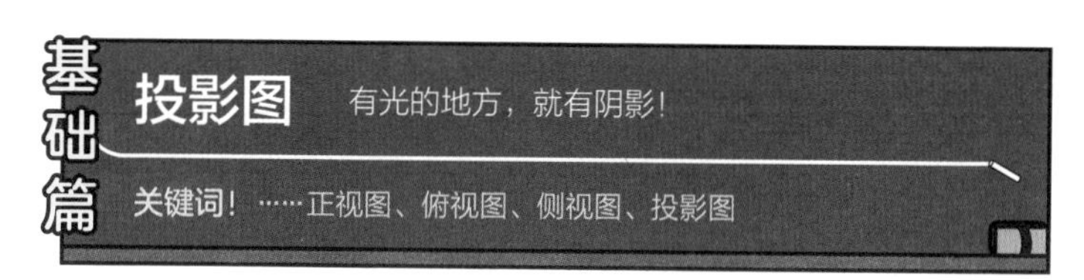

鱼和熊掌不可兼得

要在平面上完全体现出立体图形的特征是不可能的，一定会牺牲掉其中的某些部分。

要想将地球的表面呈现在一个平面上，也就是制作地图时，同样面临着这样的抉择。所以地图有很多种，它们分别舍弃了不同的特征，并适用于不同的目的。

- 准确反映面积的……等积投影
- 准确反映角度的……正形投影
- 准确反映距离的……等距投影

根据使用场景随机应变即可！

墨卡托投影就是一种非常有名的正形投影，它能准确反映地球上任意地点的方位，适合航海时使用。右图就是用墨卡托投影

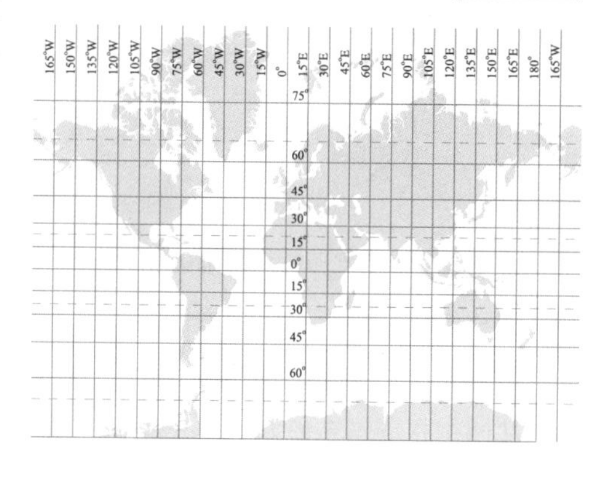

绘制的世界地图。

可与此同时，它却不能准确反映面积和距离。随着纬度变大，地图中的面积和距离会逐渐产生变形，在南北两极变形最大。

投影图出场

正三棱锥
（直观图）

铺垫得有点长了。

前面我们说过，要想在平面上体现出立体图形的整体特征，可以用直观图。直观图的视角一般是图形斜上方。

为了反映图形背部特征，我们习惯于用虚线表示肉眼无法看到的棱。

但它还有一个最大的缺点，就是画起来难度实在太大了！虽然确实能体现整体特征……

这个时候，我们可以采用投影图。

其特点就是绘制时更加方便。不同于直观图，投影图可以选择各种容易绘制的视角，正面、上面、侧面都可以。

从图形正面视角绘制的叫正视图，从上面视角绘制的叫

俯视图，从侧面视角（一般是左侧面）绘制的叫侧视图（左视图）。这三种图都叫作投影图，也被称为三视图。

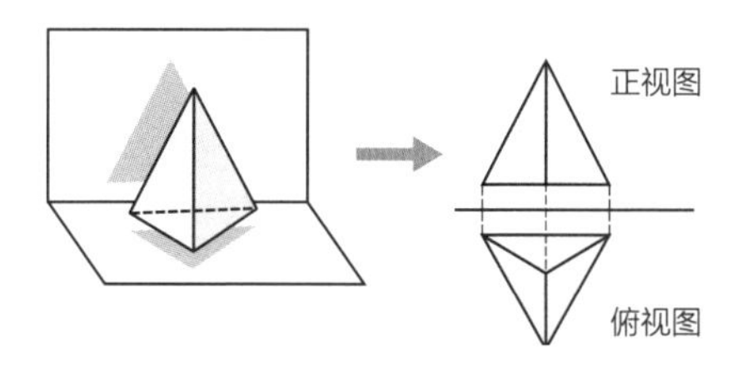

右图为正三棱锥的正视图和俯视图。

横放的立体图形

来看看右边的投影图，猜猜它是什么图形？从正面和上面看都是长方形。

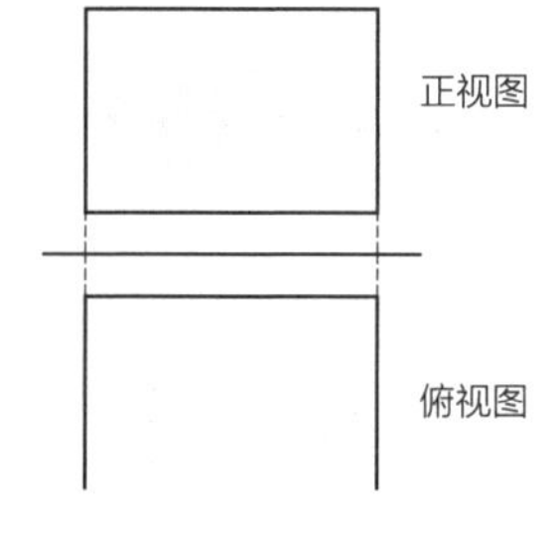

“四棱柱？”

不对。

“横放着的三棱柱？”

也不对。不过有点接近了，是横放着的某个图形。

只靠这两张图好像答案不唯一，那我们再加一张侧视图吧。顺便放上正确答案的直观图。

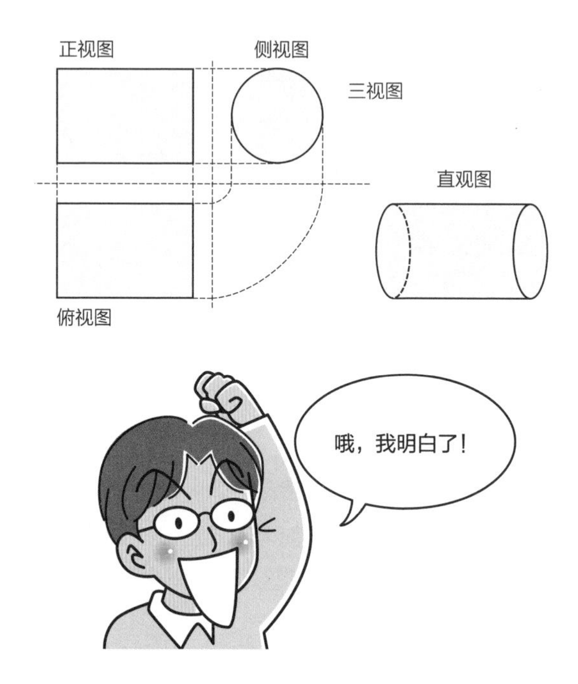

没错，答案是一个圆柱，一个横放着的圆柱。它的正视图和俯视图都是长方形。

这道题告诉我们一个道理，就是要准确判断一个立体图形的种类必须借助完整的三视图。

棱柱、棱锥的表面积

立体图形所有面的面积之和叫作表面积。

其中，一个底面的面积叫作底面积，所有侧面的面积之和叫作侧面积。本节主要学习表面积的计算。

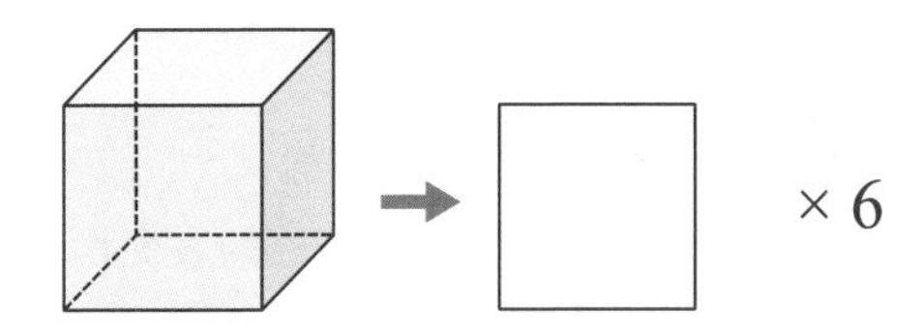

正方体的表面积应该很简单吧。每个面都是全等的正方形，所以只要用一个正方形的面积乘以 6 就可以了。

而一些比较复杂的图形的表面积，就要借助展开图来进行计算了。

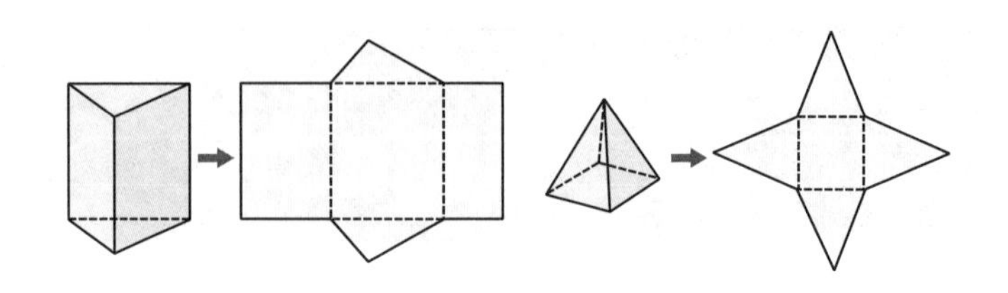

上图为三棱柱和正四棱锥的展开图。三棱柱的表面积是3个长方形和2个三角形的面积之和，正四棱锥的表面积是1个正方形和4个三角形的面积之和。这两种图形的表面积也比较好求。

圆柱的表面积

试求半径为5cm，高为12cm的圆柱的表面积。

说到圆柱的表面积，好多人就发愁了。

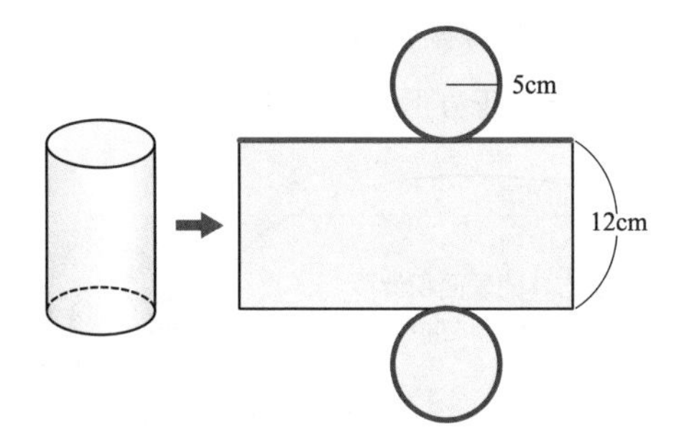

来看看展开图，其实只要将图中两个圆的面积和侧面长方形的面积相加就可以了。

首先是底面积（圆的面积），

$$底面积=\pi\times5^2=25\pi\ (cm^2)$$

接下来的侧面积才是重点。侧面的长（红色实线）刚好等于底面圆的周长（蓝色实线），知道这一点就好办了。底面圆周长可以通过直径 × 圆周率求出，等于 10πcm。

所以，对于该圆柱来说，

$$侧面积 =12\times 10\pi=120\pi（cm^2）$$

$$表面积 =25\pi\times 2+120\pi=170\pi（cm^2）$$

圆锥的表面积

相比圆柱，很多人更头疼的是圆锥的表面积。

试求底面半径为 5cm，母线长为 12cm 的圆锥的表面积。

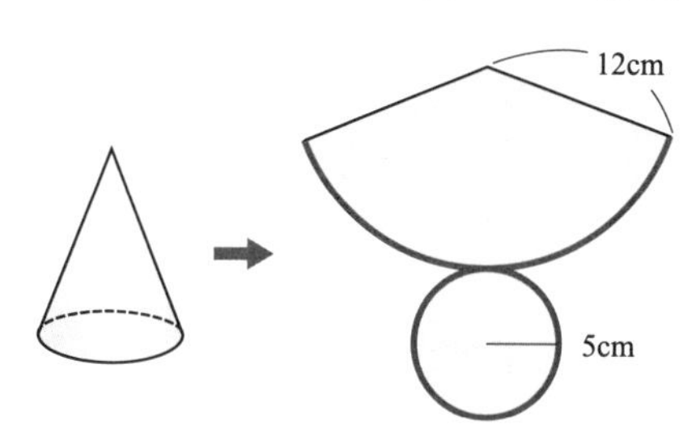

来看它的展开图，出现了一个扇形。所以这个问题的重点就变成了求侧面扇形的面积，

首先是底面积（圆的面积），

$$底面积 =\pi\times 5^2=25\pi（cm^2）$$

然后是侧面积（扇形面积）。

什么？不知道扇形的圆心角？没关系！

我们在前面学过“假三角形公式”，用弧长 × 半径 ÷2 也能算出扇形面积。而扇形的弧长（红色实线）刚好等于底面圆的周长（蓝色实线），利用这一点可以求出：

$$侧面积 = 10\pi \times 12 \div 2 = 60\pi\ (\text{cm}^2)$$

$$表面积 = 25\pi + 60\pi = 85\pi\ (\text{cm}^2)$$

圆锥的侧面积有一个计算公式。不过只要你记住“假三角形公式”，就没必要专门再记这个了。

公式 圆锥的侧面积

若圆锥底面半径为 r，母线长度为 l，侧面积为 S，则

$$S = \pi r l$$

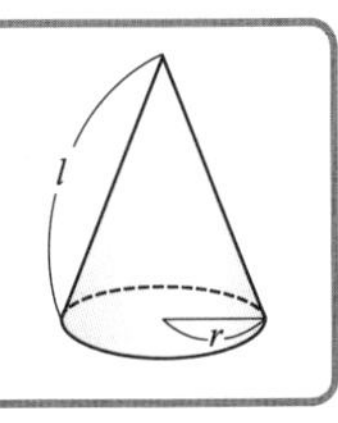

扇形的面积虽然求出来了，但我们还是不知道它的圆心角大小，是不是很好奇？

半径 5cm 的圆与半径 12cm 的两个圆，周长比是 5∶12。而扇形的圆心角又与弧长成正比，通过这些条件可以求出圆心角大小：

$$圆心角 = 360° \times \frac{5}{12} = 150°$$

基础篇

柱体与锥体的体积

用方糖个数来计算吧!

关键词! ……卡瓦列利原理

 求柱体体积

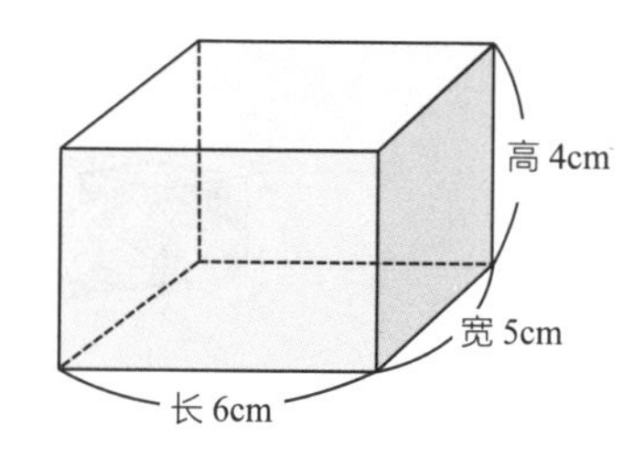

试求右图中长方体的体积。

求体积，简单来说就是求这个立体图形代表的容器中能放下多少个单位立方体。

拿这个长方体来说，就是求里面能放下多少个 1cm × 1cm × 1cm 的方糖（单位立方体）。

有很多人会在实际操作之后觉得恍然大悟，不过这个方法并不是最简单的。

按照长边能放 6 个、短边能放 5 个、纵向能放 4 个单位立方体计算，一共能放

$$5 \times 6 \times 4 = 120（个）$$

这个式子就是求长方体体积的公式。5 × 6，就是

长方体的底面积，所以它的体积可以看作是底面积 × 高。

$$5 \times 6 \times 4 = 120$$

这个式子可以看作是将 5 × 6 的底面沿垂直方向移动了 4 个单位距离。

不论是棱柱还是圆柱，都可以看作是由底面沿垂直方向移动而形成的图形，所以它们的体积都可以用底面积乘以高来计算。

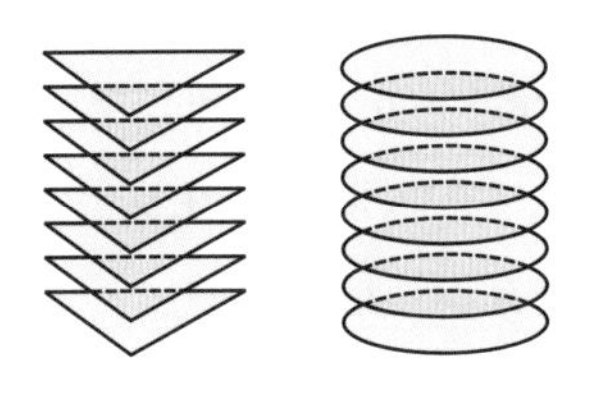

> **公式** 棱柱、圆柱的体积
>
> 若棱柱或圆柱的底面积为 S、高为 h、体积为 V，则
>
> $$V = Sh$$
>
> 若已知圆柱底面半径为 r，则
>
> $$V_{\text{圆柱}} = \pi r^2 h$$

由上述公式可知，底面积与高分别相等的两个棱柱体积也相等。

锥体体积是柱体的三分之一?

麻烦的是锥体的体积。

咦，你已经知道了？锥体体积是柱体的三分之一？说得没错。不过为什么是三分之一呢?

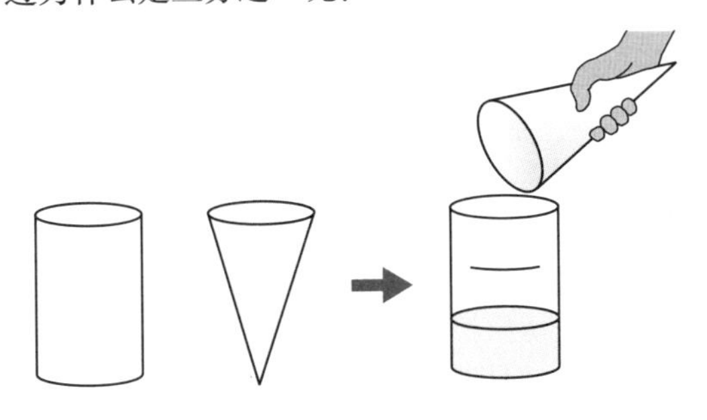

初中课本里常常出现上面这张图。准备一个圆柱和一个圆锥的容器，底面积与高分别相等。将圆锥中放满水，再倒入圆柱中，水位刚好到达圆柱高度的三分之一。所以圆锥体积是圆柱的三分之一。

其实这个实验我也做过，结果却不尽如人意。因为水总是洒得到处都是，或者挂在容器壁上倒不出来。而且就算成功了，也只能代表这一组圆柱和圆锥的体积关系，不能保证一般适用性。

顶多就是给我们提供了一种可能性……

所以我要给大家介绍另一种方法。

如下图所示，三棱柱可以切分为三个三棱锥，设它们的体积分别为 V_1、V_2、V_3。

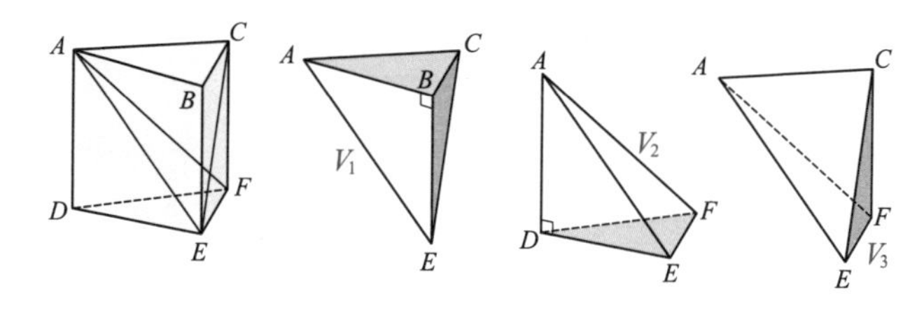

其中，$\triangle ABC$ 与 $\triangle DEF$ 面积相等，对应的三棱锥的高也相等，所以 $V_1=V_2$。

同样，$\triangle BEC$ 与 $\triangle FCE$ 面积也相等，对应的三棱锥的高也相等，所以 $V_1=V_3$。

综上，$V_1=V_2=V_3$，所以每个三棱锥的体积都是三棱柱体积的三分之一。

卡瓦列利原理闪亮登场！

这里还要补充一点。

通过前面的讲解，我们看到了，在底面积与高分别相等的情况下，三棱锥的体积是三棱柱的三分之一。

但我们只是通过实际操作总结出来的规律。

而且刚刚的三棱柱切分方式也是极为特殊的，所以人们很容易认为，只有在切分得非常完美的情况下，上述规律才成立。

但卡瓦列利原理可以在理论上完美解决这个问题。

卡瓦列利（1598—1647），意大利数学家，是伽利略（1564—1642）的学生。

卡瓦列利原理㊀

两个等高的立体图形，若在等高处的截面积处处相等，则体积相等。

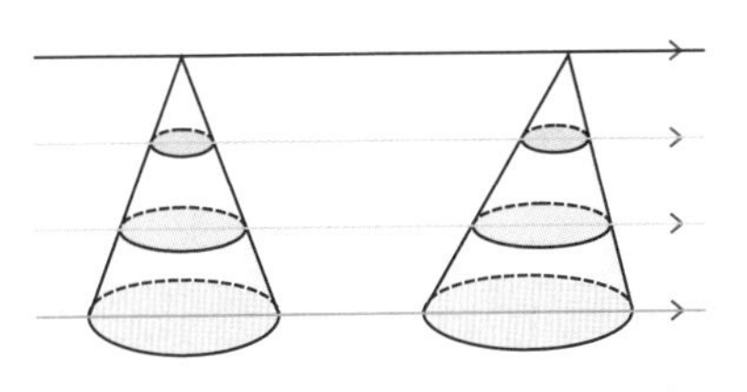

若在等高处的截面积处处相等，则体积相等。

卡瓦列利

这个原理看起来晦涩，但并不难懂。

举个例子，我们将若干个大小相同的杯垫叠放在一起，如下边左图所示。此时它的体积很好计算，就是底面积 × 高。但这堆杯垫由于受到某种外力，变成了下边右图所示的形状。

㊀ 在中国被称为祖暅原理。——编者注

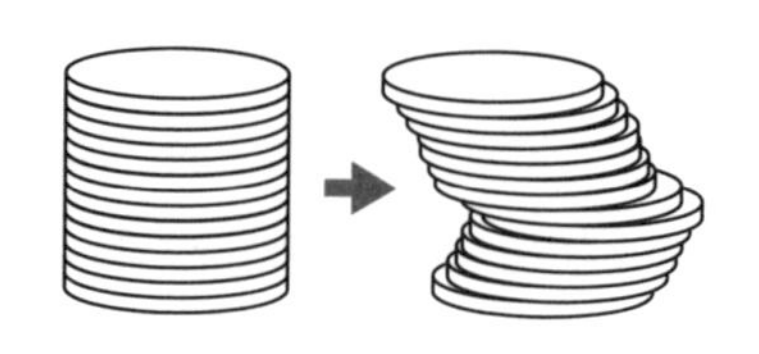

它的体积会改变吗？

不会，因为杯垫个数没有变。这就是卡瓦列利原理的应用。

再举个例子。

下图中的三棱锥 A 与 B，底面积和高分别相等。所以如果我们将 A 切分为无数薄片，是能够重新组合成 B 的（反之亦然）。

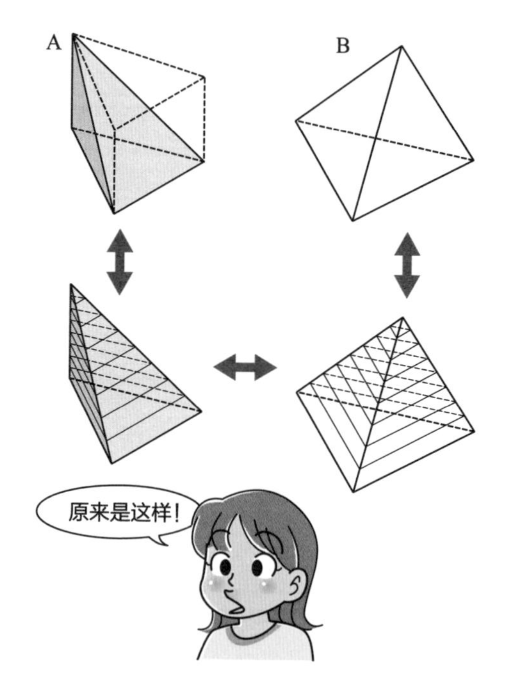

 圆锥也要用“咯咯哒”法

最后来总结一下锥体的体积公式。

公式 棱锥、圆锥的体积

若棱锥或圆锥的底面积为 S、高为 h、体积为 V，则

$$V=\frac{1}{3}Sh$$

若已知圆锥底面半径为 r，则

$$V_{圆锥}=\frac{1}{3}\pi r^2h$$

虽然前面的讲解都是针对三棱锥的，但没关系。

因为所有棱锥都可以通过切分，分解为数个三棱锥，也就可以用以上公式了。所有棱锥的体积都可以通过底面积 × 高 ÷3 算出。

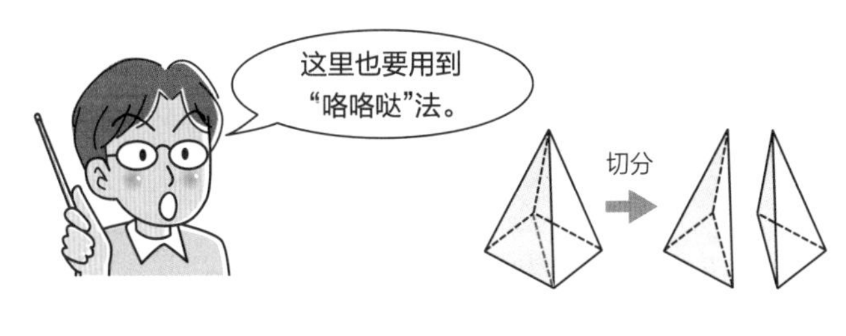

圆锥也没问题，用前面学过的“咯咯哒”法就能搞定。如右图所示，将圆锥拆分为无数个极小的立体图形，然后将它们看作是三棱锥即可。

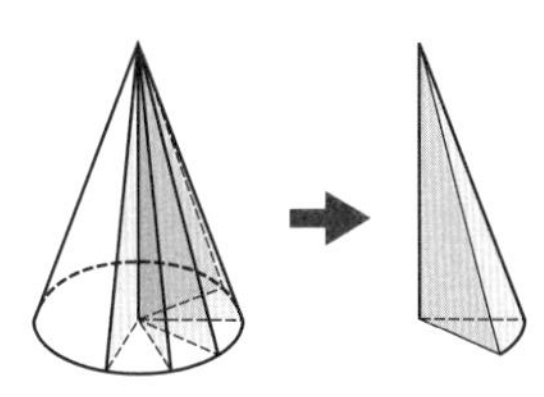

球的体积和表面积 谢谢你！阿基米德！

关键词！……球的体积、球的表面积

如何计算球的体积?

“我已经把球的体积公式忘光了！”

那真是太令人遗憾了，来回忆一下吧。

公式 球的体积

若球的半径为 r，体积为 V，则

$$V=\frac{4}{3}\pi r^3$$

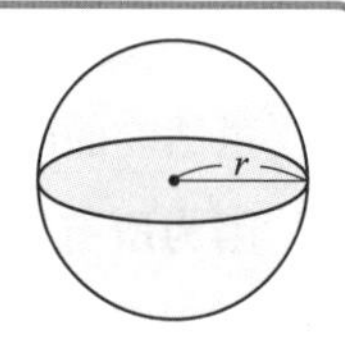

这个公式是怎么来的呢？我会尽量用初中生已经掌握的数学知识来进行讲解，但你不必急着理解它。你如果觉得难度过大，可以先把公式记住，至于推导过程，可以之后再翻回来研究。

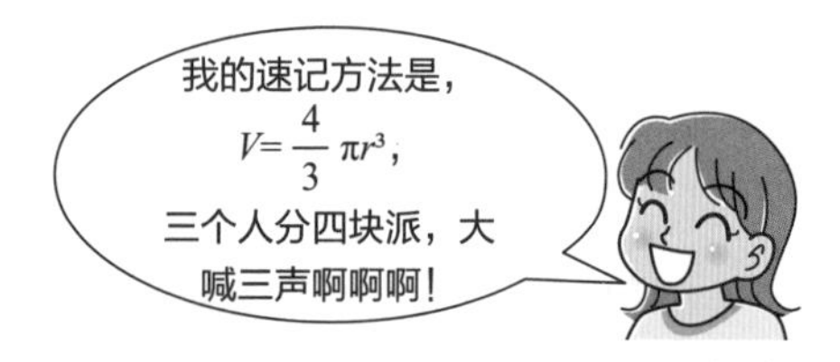

如下页图所示，准备一个半球和一个圆柱。半球的半径为 r，圆柱底面半径和高也都为 r。

从这个圆柱中，可以挖出一个底面半径为 r、高也为 r 的

圆锥。那么剩余部分的体积就与半球体积相等。

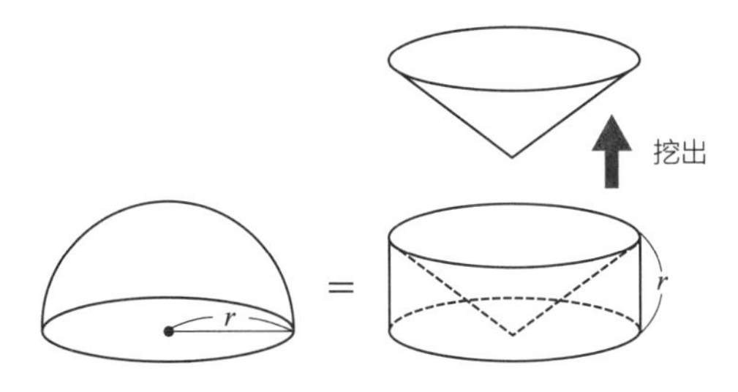

半球体积 = 圆柱体积 − 圆锥体积……………①

是不是惊呆了？一时之间有点不敢相信？但这千真万确，原因稍后揭晓。

我们先按照这个等式继续。半球的体积等于圆柱体积减去圆锥体积：

$$\text{半球体积} = \pi r^2 \times r - \frac{1}{3}\pi r^3$$
$$= \frac{2}{3}\pi r^3$$

球的体积等于两个半球的体积，这样就能推导出刚才的公式了。

如何证明球的体积公式？

接下来的问题就是上述①式为何成立了，我们先将它改写为如下等式。

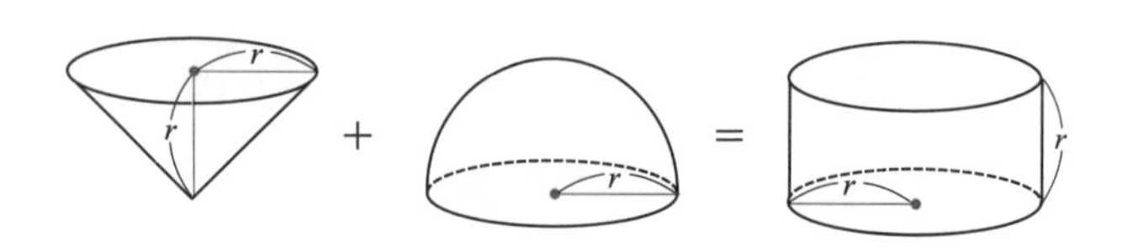

圆锥体积＋半球体积＝圆柱体积……………②

其证明过程需要用到勾股定理。

定理 勾股定理

在两直角边长分别为 a、b，斜边长为 c 的直角三角形中，

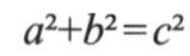

$$a^2+b^2=c^2$$

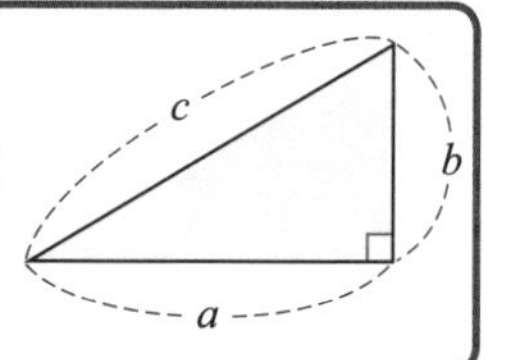

在距离底面高度为 a 的地方，用平行于底面的平面分别去截圆锥、半球和圆柱，截面都是圆。

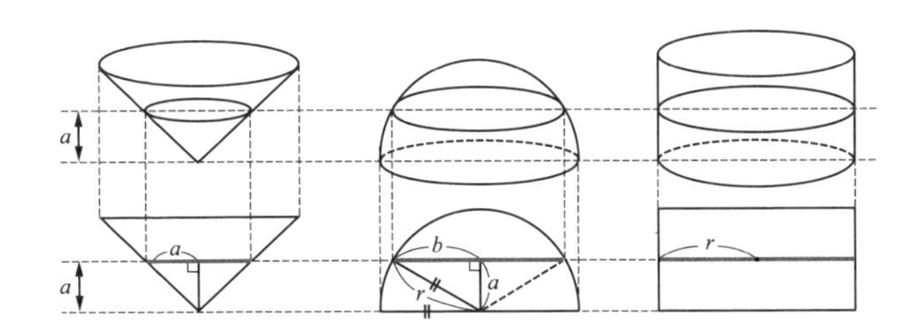

此时，只要证明以下等式成立，就能根据卡瓦列利原理得出②式成立。

圆锥截面面积 + 半球截面面积 = 圆柱截面面积

圆锥截面圆的半径为 a，则面积为 πa^2。

半球截面圆的面积为 πb^2。根据勾股定理可知，$b^2=r^2-a^2$，所以该圆面积可以表示为 $\pi(r^2-a^2)$。

圆柱截面圆就比较简单了，面积是 πr^2。

因此，$\pi a^2+\pi(r^2-a^2)=\pi r^2$ 成立。

根据卡瓦列利原理，②式也成立。

如果将圆锥和圆柱的高增加至原来的两倍，把半球换成一整个球，那么下式成立。

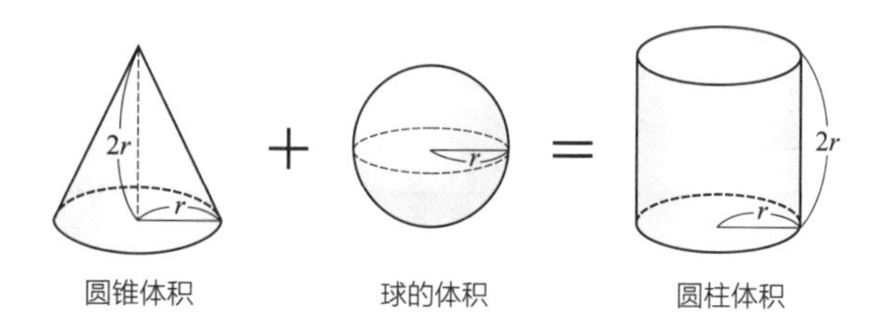

同时它们的体积还满足以下比例：

圆锥体积：球的体积：圆柱体积 =1：2：3

怎么样！漂不漂亮！球的体积就是圆柱体积的$\frac{2}{3}$。

球的表面积

说完体积，再来说说表面积。球的表面积如何计算呢？先来看看公式。

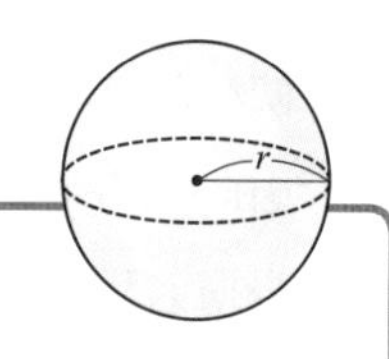

公式 **球的表面积**

设球的半径为 r，表面积为 S，则

$$S=4\pi r^2$$

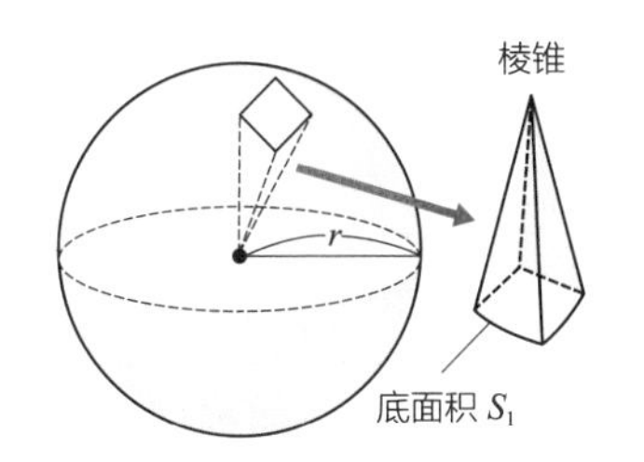

本书将通过圆的体积公式来推导表面积公式。

半径为 r 的球，可以切分为无数个顶点在球心、底面在球表面上的“棱锥”。没错，又是“咯咯哒”法。

这些“棱锥”的底面是球面的一部分，所以其实是曲面。但是只要我们分得够细，就可以将它们看作是平面。假设每个棱锥的底面积为 S_1、S_2、S_3……

将所有棱锥的体积相加，应该等于球的体积。

球的体积 = 所有棱锥体积之和

$$\frac{4}{3}\pi r^3=\frac{1}{3}S_1r+\frac{1}{3}S_2r+\frac{1}{3}S_3r+\frac{1}{3}S_4r+\cdots$$

$$=\frac{1}{3}(S_1+S_2+S_3+S_4+\cdots)r$$

$$=\frac{1}{3}Sr$$ （※S 为球的表面积）

由此可知，$S=4\pi r^2$。

阿基米德之功绩

阿基米德

古希腊天才数学家、物理学家阿基米德，应该所有人都听说过吧。

他因为计算出了圆周率的近似值，解开了国王希伦二世的金冠之谜（这与阿基米德原理的发现有直接关系）而广为人知。

除此之外，他还发现了球的体积、表面积与其外切圆柱之间的关系。

半径为 r 的球体与其外切圆柱之间存在以下关系：

1. 球的体积为圆柱体积的$\frac{2}{3}$；
2. 球的表面积为圆柱表面积的$\frac{2}{3}$。

阿基米德是在罗马军攻入西西里岛时被误杀的，罗马将军惋惜他的离世，所以按照他的遗言，在他的墓碑上刻下了“圆柱容纳球体”的图案。

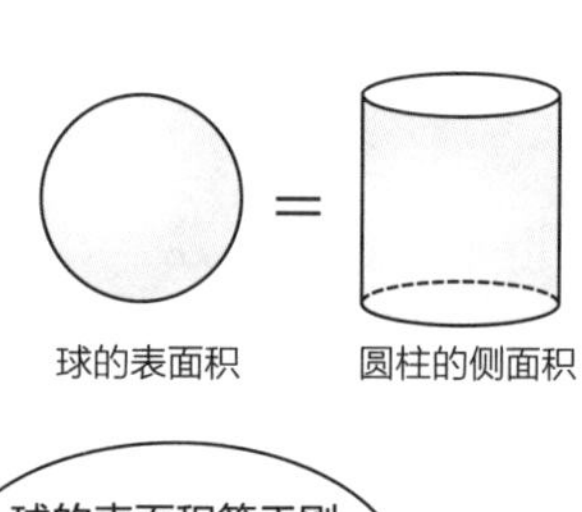

立体图形的截断　手起刀落，片甲不留……

关键词！……截断、截面、大圆

 旋转体的截断

前面我们已经提到了一些立体图形的截断，这里展开解释一下。

对于旋转体来说，用垂直于旋转轴的平面去截断，得到的截面一般都是圆。

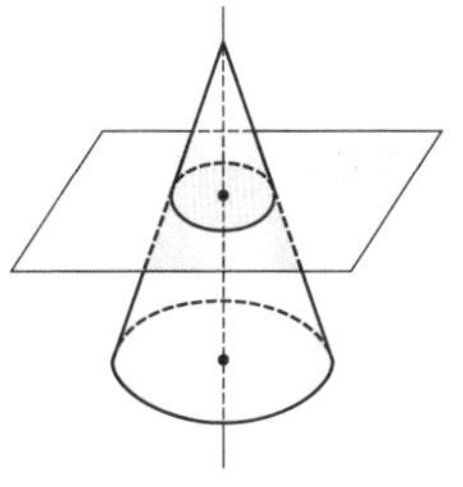

右图所示为圆锥的截断，其实包括圆柱和球在内，用垂直于旋转轴的平面去截断，得到的截面都是圆。

如果用完全包含旋转轴的平面去截断旋转体，得到的截面都是轴对称图形。

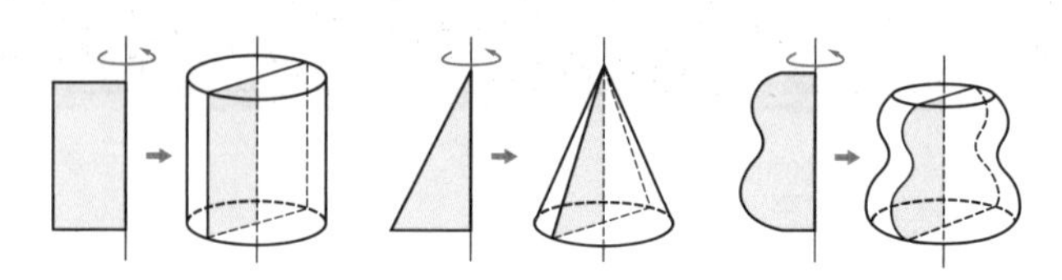

圆柱……长方形

圆锥……等腰三角形

而对于球来说，不论如何截断，得到的截面都是圆。当截面过球心时，面积最大，这样的圆叫作“大圆”。

想象一下将这个球放大到整个地球那么大，任意取地球表面上两点，它们之间的最短距离是这两点所在大圆的一部分，沿着这一段大圆弧线航行时的航线称为“大圆航线”。

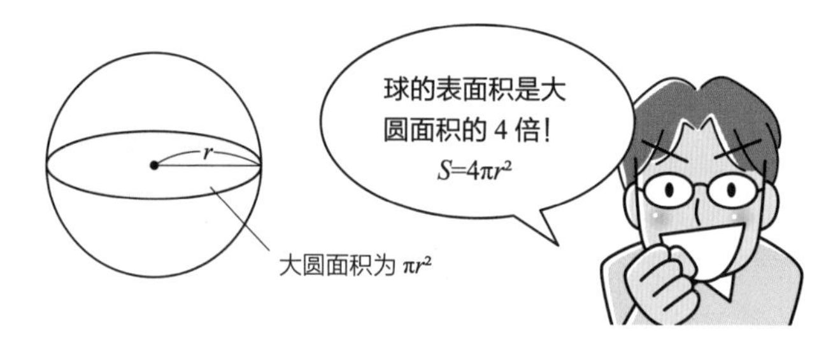

棱柱、棱锥的截断

用平行于其底面的平面截断棱柱或棱锥，结果是比较容易想象的。

棱柱的截面就是与底面全等的图形，棱锥的截面则是比底面稍小一些且与底面相似的图形。

斜向截断的截面如何?

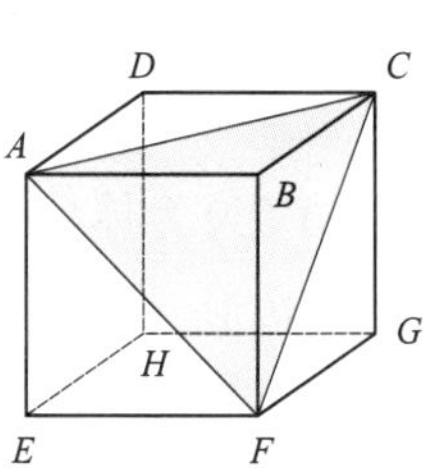

斜向截断的截面是最难想象的。

我们以高考常见的立方体为例，介绍一下它的不同截面。

首先，用同时过点 A、C、F 的平面进行截断，如右图所示。能看出截面的形状吗?

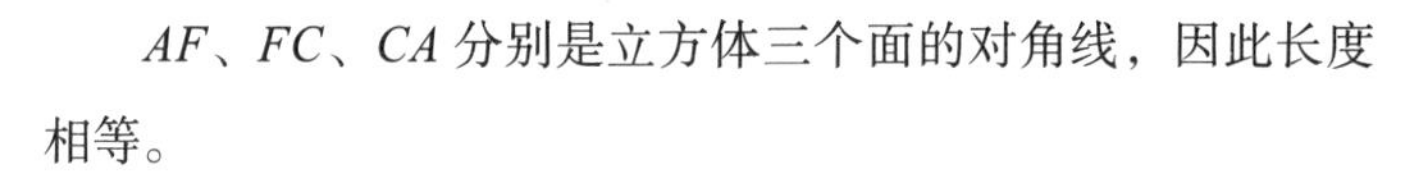

AF、FC、CA 分别是立方体三个面的对角线，因此长度相等。

虽然从直观图上不太能看出来，但 $\triangle AFC$ 其实是等边三角形。

此时，正三棱锥 $B\text{-}AFC$ 的体积是原立方体体积的六分之一，这一点务必牢牢记住。

下面是其他可能出现的截面。

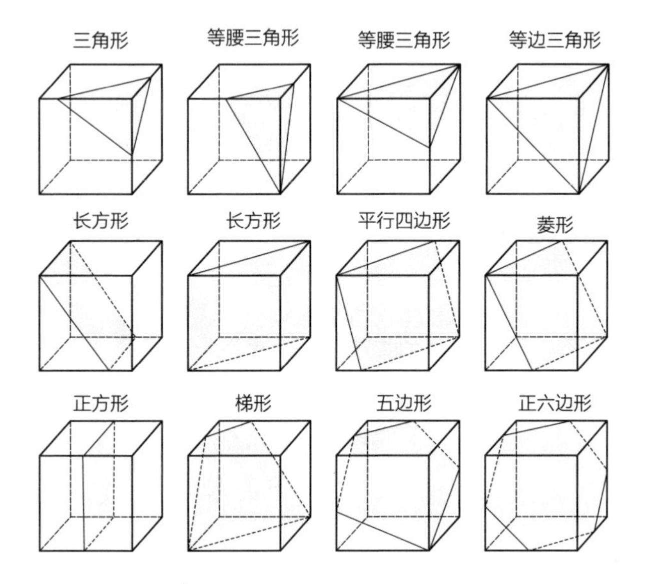

截面与立方体各个面的交线，组成了截面多边形的每条边。由于立方体只有六个面，所以截面也不可能出现七边形或是八边形。

另外，立方体的每个面都平行于相对的面，所以平行面上的交线，也就是截面多边形的边也是平行的。

第3章
打开证明之门

泰勒斯（公元前624—前546）

古希腊哲学家，古希腊七贤之一。他超越了神学思考，尝试以理性思维来看待世界。他一生中发现了多个几何学定理，如对顶角定理。

作图　不可以用量角器吗?

关键词!……作图、尺规

不要用量角器

你喜欢作图吗?

数学中的作图问题，可以看作是一个个挑战。

“请作$\angle A$的角平分线。”

看到这道题，是不是有人要拿起量角器，量出$\angle A$的大小，然后求出它的一半，再过点A作射线了呢? NO，我们只能用尺规作图。

> **尺规作图**……只用没有刻度的直尺和圆规作图。
>
> 直尺……用来连接两点作直线。
>
> 圆规……根据给定圆心和半径作圆，也可以截取两点间距离。

允许使用的工具只有直尺和圆规，使用方法也有所限制。即便是有刻度的直尺，也不能用来测量长度。

看到这里，有些同学肯定要着急地问为什么了。通过之后的练习，你们会慢慢明白的。

是我做的。相信我!

“是我把这个角平分成两个角的，相信我!”

就算没有尺规，也一定有高手能够准确地画出角平分线。

这样的绝技的确令人动容。

但数学所追求的可没有这么简单。

用尺规作图不但能够达到画图的目的，还能够有逻辑地证明其正确性，这才是数学所需要的。相比来说，后者反而更重要。

所以在作图题的下面，常常会有这样的提示，

“尺规作图需保留作图痕迹。”

有些技艺高超的工匠也许能画出准确的图，但却无法进行论证。而尺规作图的正确性是完全可以被证明的。

古希腊三大几何作图难题

但有些作图题，只靠尺规作图是无法解决的。

古希腊三大几何作图难题

- 将一个角平均分成三份（三等分任意角）。
- 作一个立方体，使它的体积是已知立方体的两倍（立方倍积）。
- 作一正方形，使其面积等于给定圆的面积（化圆为方）。

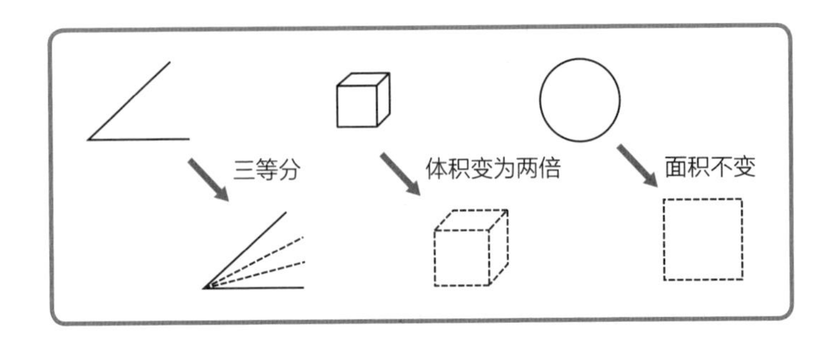

这三个问题合称为古希腊三大几何作图难题。2000 多年以来，有无数人为之呕心沥血，终于在 19 世纪，它们得到了解决。

答案就是……用尺规作图不可能解决这三个问题。

一个问题是否能够用尺规作图解决，是由方程来决定的。能够总结为一个或多个有理系数二次方程或一次方程的问题，可以用尺规作图解决。[一]但立方倍积问题涉及了 $x^3=2$ 这一三次方程，用尺规作图是无法解决的。

[一] 一般来说，只要是有理数经过有限次加、减、乘、除和开平方运算得出的数，都能用尺规作出相应长的线段。——编者注

基础篇 基本作图 尺规作图练习！

关键词！……线段的移动、角的移动、平行线

线段的移动

下面有三个最基本的作图问题，是在学校学习中很少涉及的，一起来挑战一下吧。

- 移动线段所在位置。
- 移动角所在位置。
- 作平行线。

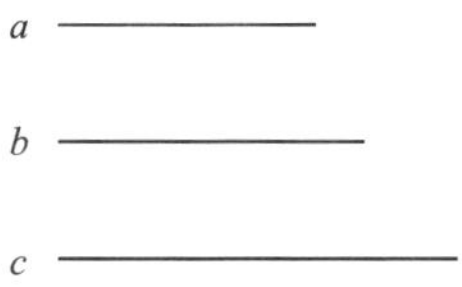

a ————

b ————

c ————

这里有三条线段，请作一个三角形，使其三边长度分别等于这三条线段长。

有思路了吗？不可以直接量哦，直尺只能用来画直线。

【作图】

①先画一条直线，在上面标记一个点。

标记

②用圆规截取线段 c 的长度。

※ 也可以选择线段 a 或 b，此处选择 c 是因为最长的线段在下面看起来最稳定。

③用圆规将线段 c 移动到预先画好的直线上。将圆规的

扎在①中标记处，画弧，得到与线段 c 长度相等的线段（红色粗线）。

重复②、③，移动线段 a、b，得到一个三角形。线段 a、b 的位置可以互换。

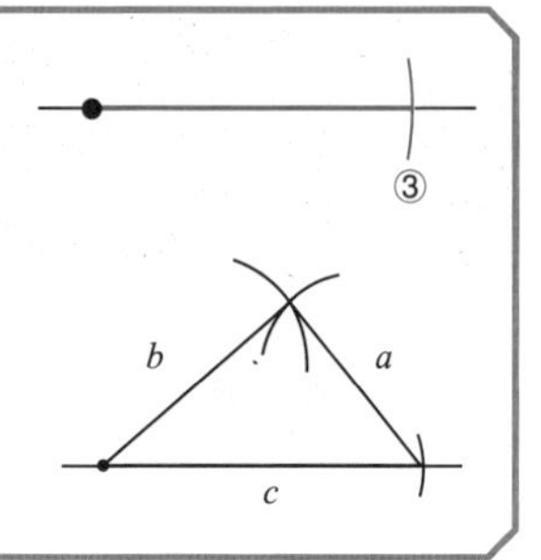

圆规不止能用来画圆，还可以截取长度，一定要记住哦。

角的移动

下一个任务！请画出一个与右图相同大小的角。要求尺规作图，不可以用量角器。

X
O
Y

量角器的作用是用数值表示 $\angle XOY$ 的大小，而我们现在想做到的，是角的移动。

作图过程中涉及给定角与移动角，注意不要混淆。

【作图】

①（移动）作射线 $O'Y'$，对应射线 OY。

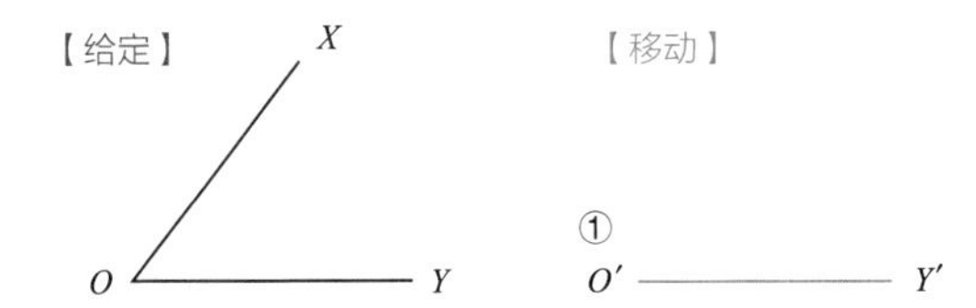

②（给定）选取适当半径，以 O 为圆心，在 $\angle XOY$ 上作一条弧，交 $\angle XOY$ 于点 P、Q。

③（移动）保持上述半径，以点 O' 为圆心作一条弧，与 $O'Y'$ 交于点 Q'。

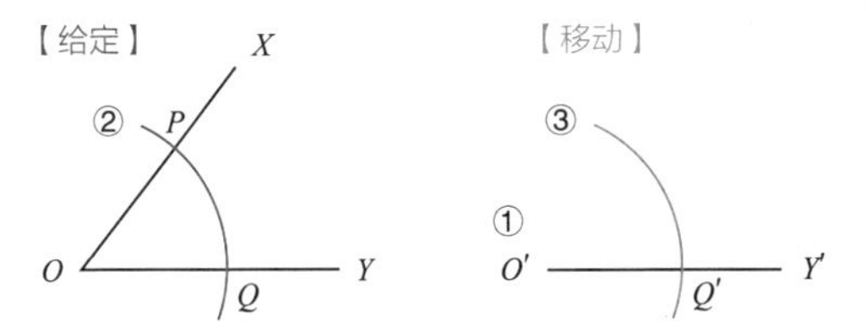

④（给定）用圆规截取线段 PQ 的距离。

⑤（移动）以④中距离为半径、点 Q' 为圆心，作一条弧，与③中弧线交于点 P'。

⑥（移动）作射线 $O'P'$。此时，$\angle P'O'Q'$ 与 $\angle XOY$ 大小相同。

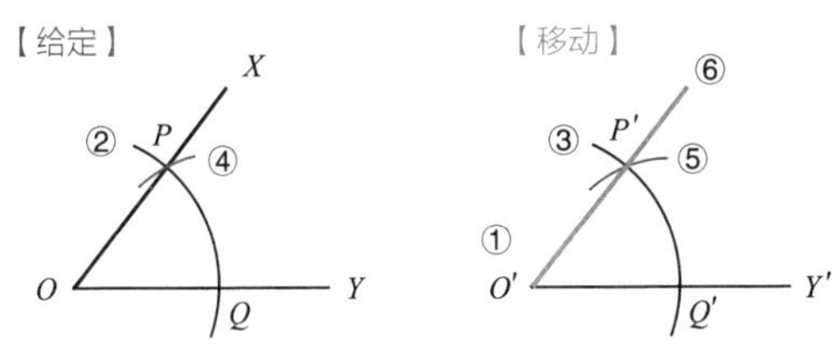

这样一来，就可以通过尺规作图移动角的位置了。

作平行线

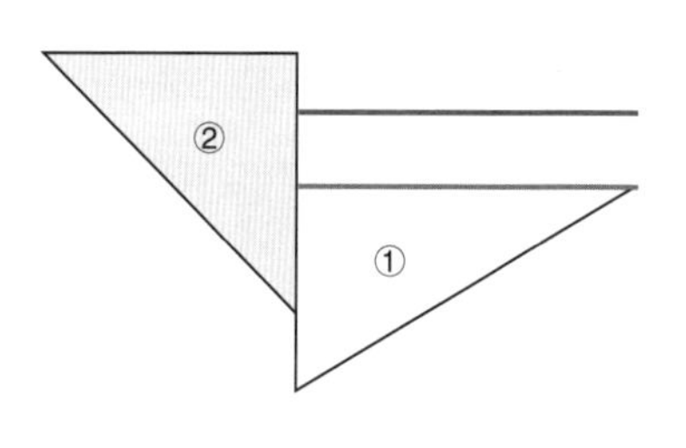

接下来是作平行线。

很多人觉得作平行线唯一的办法就是用两个三角尺，按右图位置摆放，让三角尺①沿着三角尺②滑动，然后画出平行线。

这个方法也没错，但不符合我们的要求，因为它的误差较大，而且尺规作图不允许使用两把尺子——我们只有一个圆规和一把直尺。

但没关系！还是能画的！说不定还能比上面的方法更简单。

下面就来挑战一下，过点 P 作直线 l 的平行线吧。

方法有很多种，这里介绍的是步骤最少的一种。

P

ℓ

【作图】

① 在直线 l 上取点 A，并以点 A 为圆心、线段 AP 为半径作一条弧，交直线 l 于点 Q。

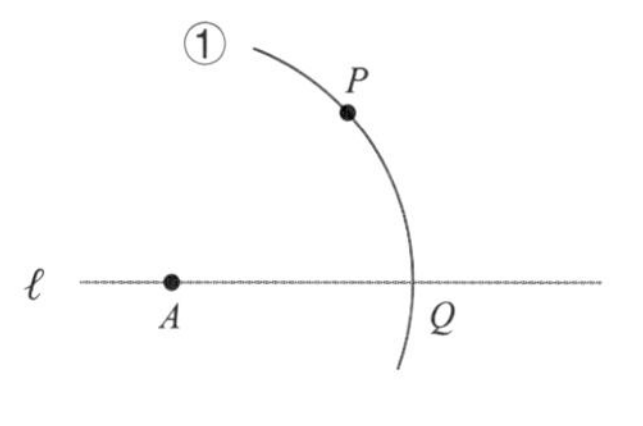

② 保持半径不变，以点 P、Q 为圆心分别作弧，交于点 B。

③ 连接点 P 和点 B，得到平行于 l 的直线 PB。

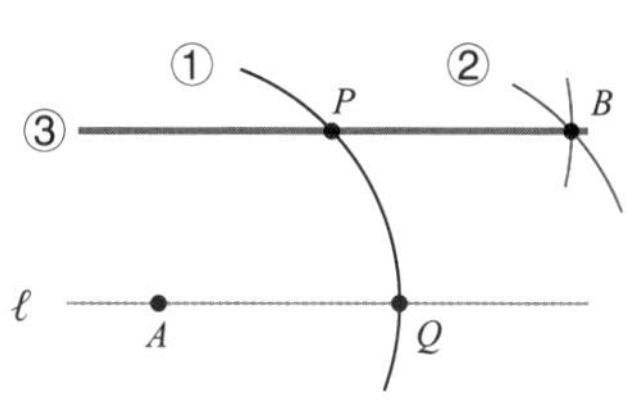

顺便说一下，依次连接点 P、A、Q、B，得到的四边形 $PAQB$ 为菱形，菱形的两组对边分别平行且四条边都相等。

除了以上方法外，还可以通过作两次垂线、移动角度等方法画出平行线。

本节介绍的三种基本作图都是非常重要的，请大家务必亲自动手挑战一下。

线段的垂直平分线 面包店和急救中心在哪里?

关键词!……中点、线段的垂直平分线

作线段的垂直平分线!

下面要回顾的，是在初中阶段重复过无数次的几种作图题。

- 线段的垂直平分线
- 角平分线
- 垂线

首先是线段的垂直平分线，要求画出一条直线，垂直于给定线段且平分它。

正式开始之前，要明确一个概念——中点。

> **定义** 中点
> 将已知线段分为两条相等线段的点叫作该线段的中点。

中点（midpoint）常用字母 M 表示。经过某条线段的中点，并且垂直于这条线段的直线，就叫这条线段的垂直平分线，又称中垂线。

若给定线段 AB，那么要找出它的中点很简单，只要将纸对折，使点 A、B 重合即可。得到的折痕刚好就是线段 AB 的垂直平分线。

尺规作图也是同样的原理。

【作图】

① 以点 A、B 为圆心，作半径相等的圆，交点为 C、D。

② 作直线 CD。

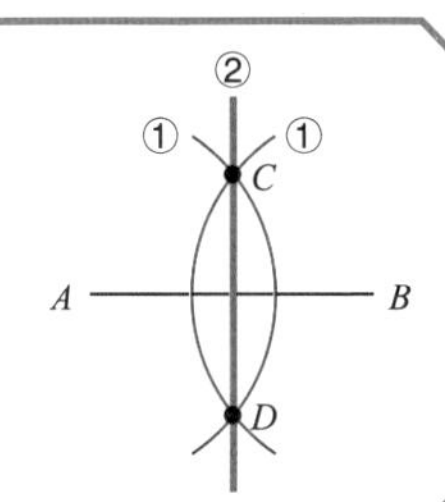

这样就能垂直平分线段 AB 了。设 AB、CD 交于点 M，则以下式子成立：

$AM=BM$　　　$AB \perp CD$

名为“垂直平分线”的主干道

线段的垂直平分线具有以下性质。

线段垂直平分线上的所有点，到线段两个端点的距离相等。

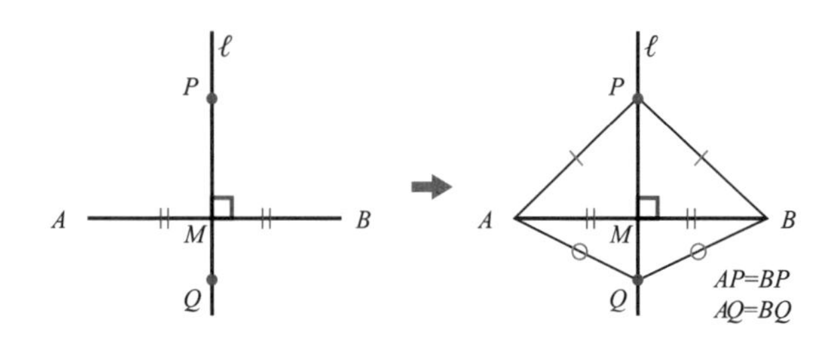

假设线段 AB 的垂直平分线是一条商业街，街上的面包店（点 P）到小 A 家和小 B 家距离相等。

急救中心（点 Q）和面包店一样，到两家的距离也相等。这条商业街上的所有建筑（垂直平分线上的所有点）到小 A 家和小 B 家的距离都相等。

※ 这一点是能够证明的。设线段 AB 中点为 M，则△ PAM 与△ PBM 全等，所以 $PA=PB$。

垂直平分线的另一种定义

前面提到的垂直平分线的性质，反之也成立，即“到线段两个端点距离相等的点，位于该线段的垂直平分线上”。

线段的垂直平分线是到线段两个端点距离相等的点的集合。

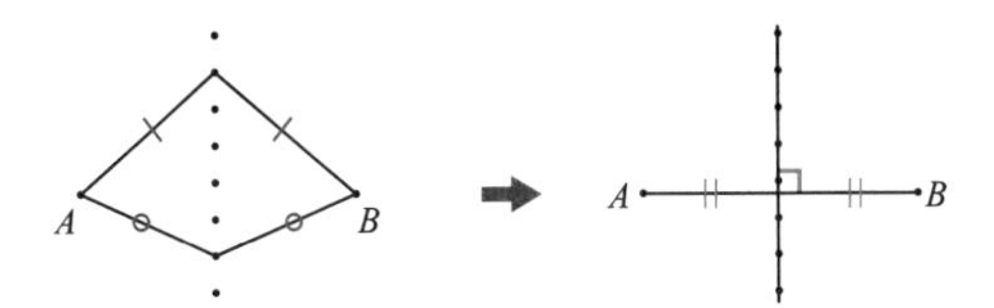

三角形的外心

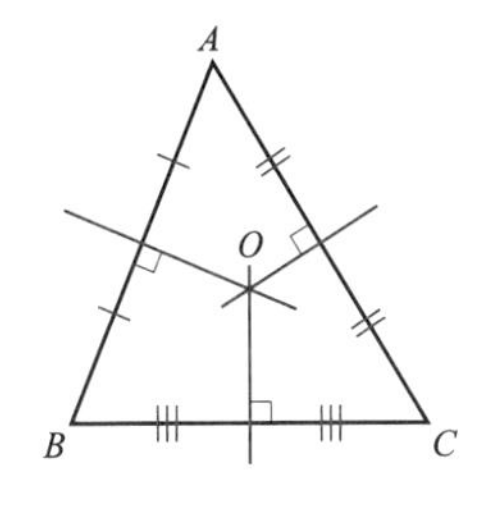

分别作三角形三边的垂直平分线，你会发现它们居然交于同一点。

由于垂直平分线上的所有点到线段两端点的距离相等，所以这个交点到三角形三个顶点的距离相等。

也就是说，如果以图中点 O 为圆心，OA 为半径作圆，那么点 A、B、C 均在该圆上。这个圆就是△ ABC 的外接圆，点 O 称为△ ABC 的外心。

三角形三边的垂直平分线交于一点，该点即为三角形的外心。

基础篇

角平分线、垂线

咚、咚、咚、锵，4步完成！

关键词！……角平分线、垂线

 作角平分线

下面要画的是角平分线，也就是将给定角平均分为两个较小的角。

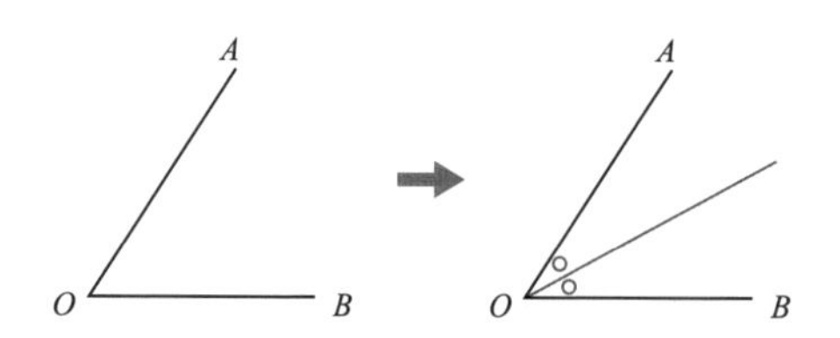

就拿上图中的∠O 来试一试吧。

图中的蓝线就是最终要画的角平分线。如果可以折纸的话，那找到这条线就非常简单，只要将 OA 与 OB 折叠重合即可。

如果不用折纸法，而是用尺规作图呢？

作一条直线只需要两个点，角平分线一定过点 O，所以只要再找到一个点，就能作出角平分线了。下面就是找到这个点的方法。

【作图】

① 以点 O 为圆心，取适当半径作圆，分别交 OA、OB 于点 C、D。

② 分别以 C、D 为圆心，作半径相等的圆，取其中一个交点 P。

③ 作射线 OP。

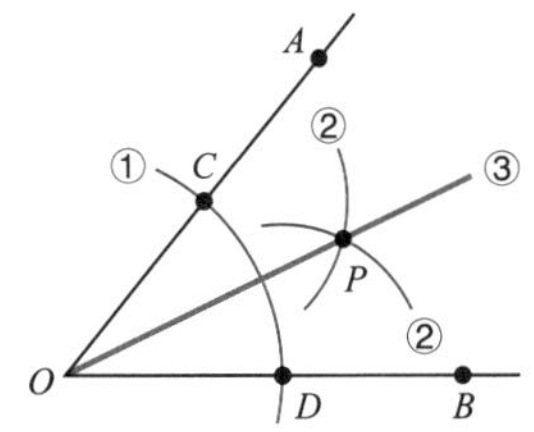

无论你是在校学生，还是早就毕业的成年人，都一定要拿出圆规和直尺，亲自动手画一画。

这个方法能够平分$\angle O$，图中各个角的关系可以表示为：

$$\angle AOP=\angle BOP=\frac{1}{2}\angle AOB$$

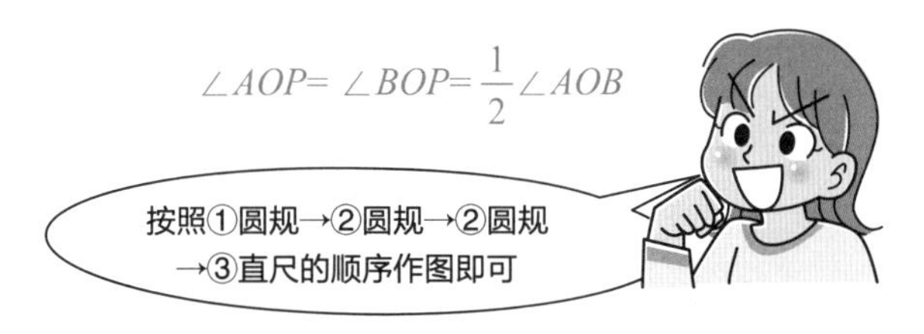

到公路的距离是?

假设你的家位于下图中角平分线上的 P 点，OA、OB 是两条公路，请问你家到哪条公路更近?

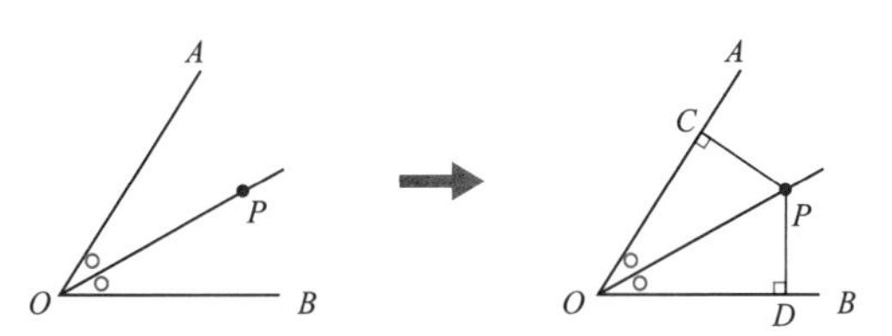

答案很明显，一样近，因为 $PC=PD$。

角平分线具有以下性质。

角平分线上所有点到角两边的距离相等。

※ 这一点可以在学习直角三角形全等的判定条件之后加以证明。

角平分线的另一种定义

上面提到的角平分线的性质，反之也成立，即“到角两边距离相等的点位于角平分线上”。所以角平分线也有另一种定义。

角平分线是到角两边距离相等的点的集合。

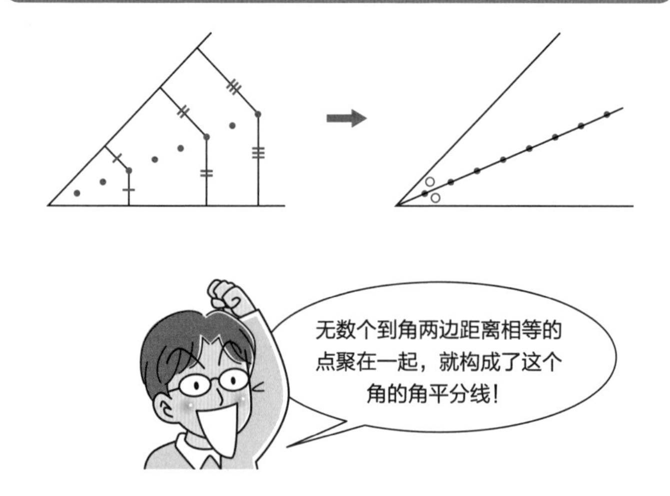

三角形的内心

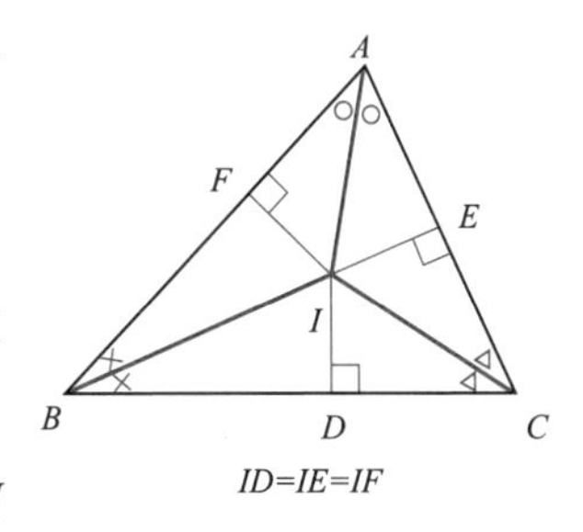

$ID=IE=IF$

分别作三角形三个角的角平分线，你会发现它们居然交于同一点。由于角平分线上所有点到角两边的距离相等，所以这个交点到三角形三条边的距离均相等。

也就是说，如果以图中点 I 为圆心，ID 为半径作圆，那么该圆与三条边都相切，这个圆就是△ABC 的内切圆，点 I 称为△ABC 的内心。

三角形三个内角的角平分线交于一点，该点即为三角形的内心。

作垂线

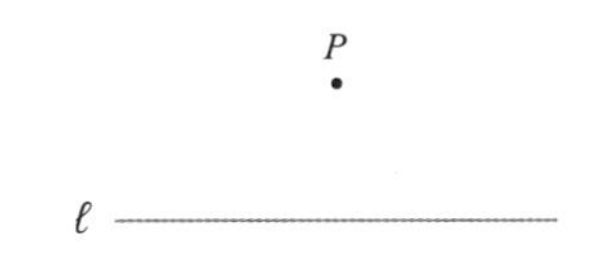

接下来要画的是垂线。如右图所示，过点 P 作直线 l 的垂线。

这个问题也能通过折纸来解决，只要让直线 l 与自身重合并使折痕过点 P，就能找到垂线了。

但同样地，我们要用尺规作图来解决这个问题。

【作图】

① 以点 P 为圆心，取适当半径作圆，交直线 l 于 A、B 两点。

② 分别以 A、B 为圆心，作半径相等的圆，取其中一个交点 Q。

③ 作直线 PQ。

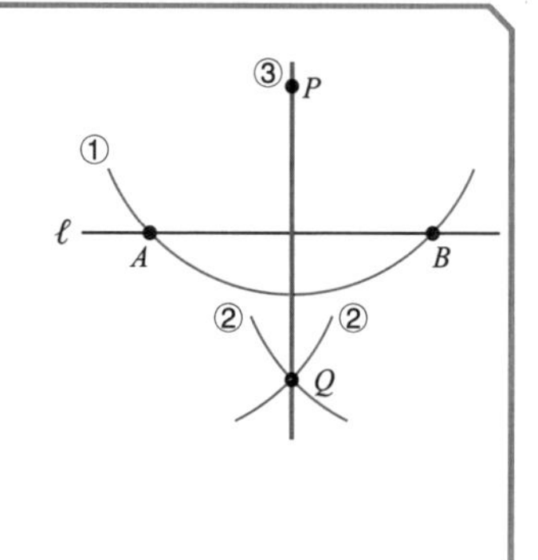

当点 P 落在直线 l 上时，也可以用同样的方法画出垂线。这就相当于是作平角 $\angle APB$ 的角平分线。

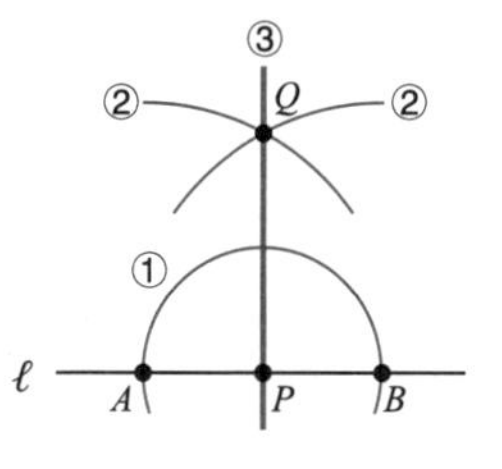

发现了吗？角平分线和垂线的作图方法其实大同小异。

都是按照①圆规→②圆规→②圆规→③直尺的顺序，也就是咚、咚、咚、锵，一共 4 步。

作圆的切线

学会了画垂线，就学会了画圆的切线，只要利用“圆的切线垂直于过切点的半径”这一性质即可。下面是过圆上一

点 P 作圆切线的过程。

【作图】

① 作射线 OP。

② 过点 P 作一条垂直于射线 OP 的直线（方法同垂线作法）。

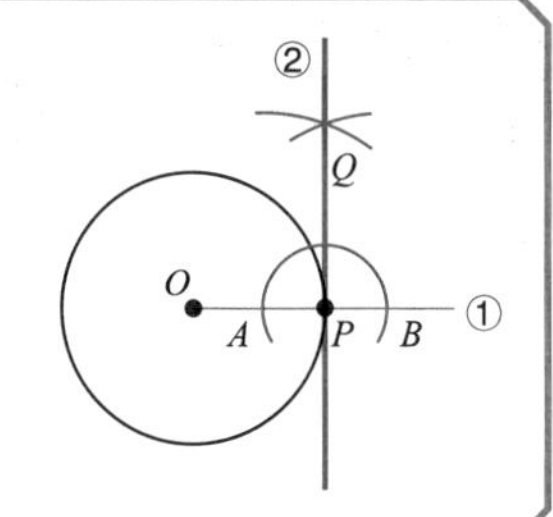

“半圆（直径）所对的圆周角为直角”，这个性质我们还没有讲过，但利用这一点，我们可以过圆外一点作圆的切线。如下图所示，圆 O 外有一点 P，过点 P 有 2 条圆 O 的切线，是利用 $\angle PAO=\angle PBO=90^\circ$ 这一条件作出来的。

【作图】

① 作线段 OP。

② 作线段 OP 的垂直平分线，交 OP 于中点 M。

③ 以点 M 为圆心、MO 为半径作圆，与圆 O 交于点 A、B。

④ 作直线 PA、PB。

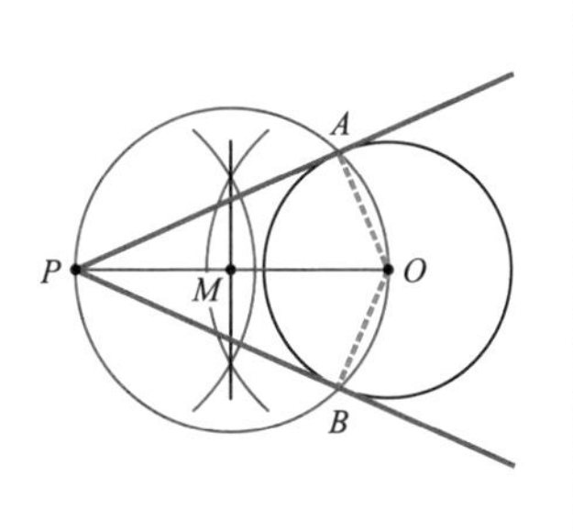

基础篇

对顶角

对顶角相等是可以被证明的！

关键词！……对顶角

那不是肯定的嘛

初中课本中出现的“对顶角”一词，其实早在小学四年级的时候大家就学过，所以对于对顶角相等这件事，我的学生们总是记得特别清楚。

但是，如果我问他们，

“对顶角为什么相等？”

得到的回答往往都是，

“那不是肯定的嘛。”

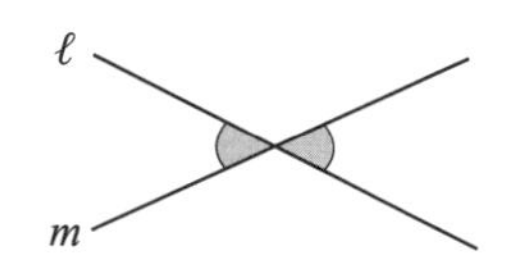

对于几何图形的性质，特别是在小学和初中阶段学到的性质，很多学生会认为是理所当然、无须证明的。这些性质对他们来说，仅仅是需要死记硬背的对象。所以每次我一说，

“其实对顶角相等这件事，是可以证明的！”

他们都会很惊讶地问，“真的吗？”

不过他们这样的反应倒是会让我松一口气。

什么是对顶角？

看到这里，你想到怎么证明对顶角相等了吗？可以先自己试一试，证明过程很简单。

如果你觉得证明很难，很有可能是因为没有完全掌握概念的内涵。所以先来明确一下对顶角的定义吧！

定义 对顶角

两直线相交形成的四个角中，处于相对位置的两个角互为对顶角。

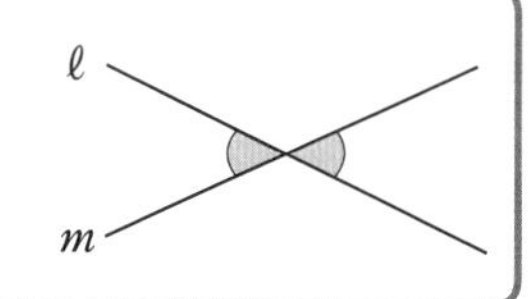

用画图来解释的话非常清楚，但如果用语言来定义，就要注意“两直线相交”这个条件，并不是所有相对的角都是对顶角。

同时，定义中也没有出现“相等”，对顶角这个词本身只能用来表示两个角的位置关系。很多人之所以下意识地认为对顶角相等，很可能是因为误以为这是它定义的一部分了。

对顶角的重要性质

虽然你可能觉得平淡无奇，但对顶角的这个性质非常重要，它的使用频率非常高，所以可以称之为定理。

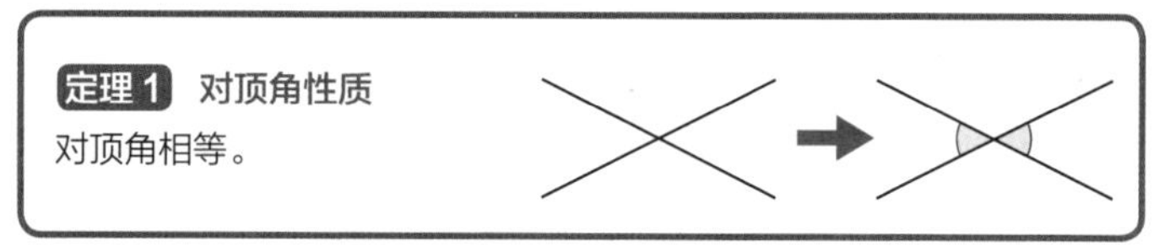

※ 本书将对所有出现的定理做统一编号。

来证明看看吧，这也是本书中的第一个证明。

以下图为例，要证明的结论是 $\angle a=\angle c$（或 $\angle b=\angle d$），只要推导出这个式子就可以了。

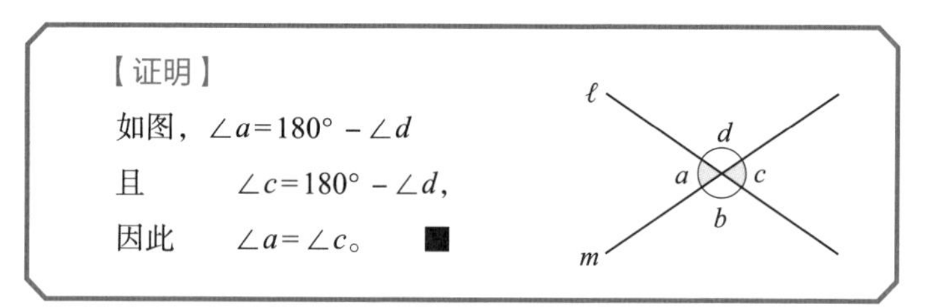

$\angle a$ 和 $\angle c$ 都可以看作是 180° 减去 $\angle d$，所以两个角相等。这里用到的是前面介绍过的一般公理第三条：

- 等量减等量，其差相等。

初中时代的我也觉得对顶角相等是理所当然的，所以我现在都还记得第一次看到这个证明过程时的感动。希望大家能把它作为自己学习证明的第一步，从一开始就打好坚实的基础。

再说说证明最后的符号——■，这可不是印刷错误，而是用来表示证明结束的。我本人经常使用。这个符号可加可不加，但我个人觉得对读者来说，加上会更好。㊀

（补充）沿上图中直线 l 放一支铅笔，然后以两直线交点为中心旋转，可以更直观地感受到对顶角相等这一性质。

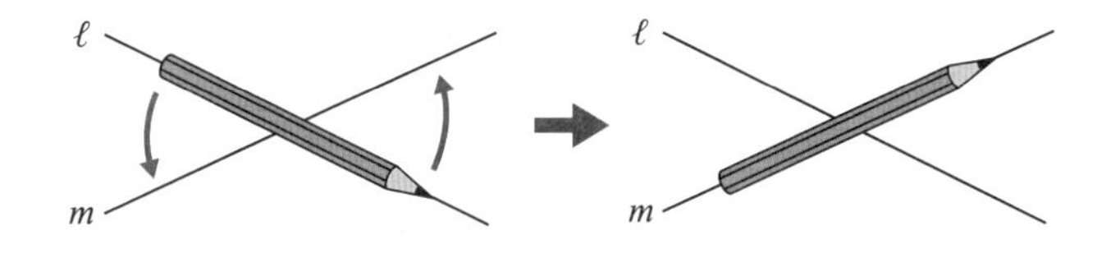

㊀ 放在证明末尾的常用符号或说明还有□、证毕、Q.E.D. 等。——编者注

基础篇

同位角、内错角、同旁内角

千万别搞错！同位角不一定相等！

关键词！……同位角、内错角、同旁内角

处于同一位置的角

本节要学习的内容是，两直线同时被第三条直线所截时产生的角。有三个新概念出现，请务必理解并熟记其用法。

定义 同位角

如右图所示，当两条直线同时被第三条直线所截时，

$\angle a$ 与 $\angle e$、$\angle b$ 与 $\angle f$、

$\angle c$ 与 $\angle g$、$\angle d$ 与 $\angle h$

这样位于同一位置的角叫作同位角。

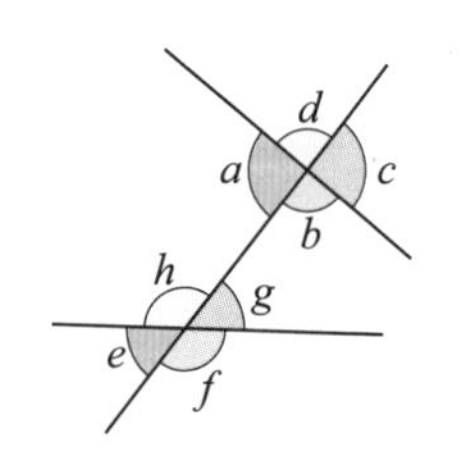

同位角这个词，初中生应该都很熟悉了。但有不少人存在一个误解，所以我要在这里重点强调：在绝大多数情况下，同位角并不相等。

同位角相等这个想法，大错特错。正如上图所示，$\angle a$ 和 $\angle e$ 的大小明显不同，可即便大小不同，它们仍然是同位角。

同位角表示的是“在同一位置的角”，不是“同样大小的角”。

或者我们可以换个角度。

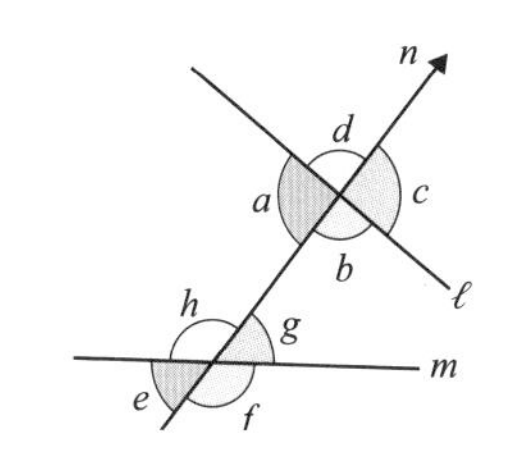

假设右图中的三条直线是三条马路，它们形成了两个“十字路口”。而我和一位朋友站在十字路口正中央，面向直线 n 上箭头所示方向。

此时位于我们右前方的角，分别是$\angle c$ 和$\angle g$；位于我们左后方的角，分别是$\angle a$ 和$\angle e$。像这样处于同一位置的角就是同位角。

平行线的同位角

同位角是用来表示角之间的位置关系的，使用方法一般是：

$\angle d$ 和$\angle h$ 是同位角。

$\angle a$ 的同位角是$\angle e$。

和前面说过的对顶角一样，同位角的定义中也没有出现任何关于角度大小的字眼。

但是！

在某种特定情况下，同位角是相等的。大家应该也想到了，就是两条平行线被第三条直线所截的情况。

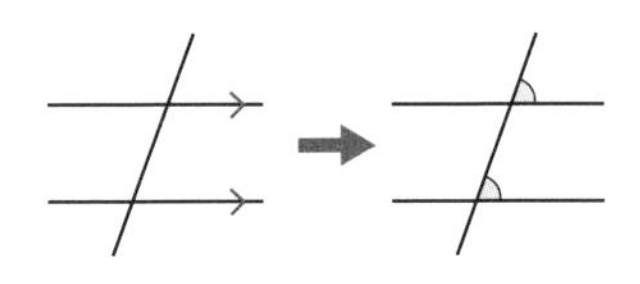

两条平行线被第三条直线所截时，同位角相等。

这本来是一种很特殊的情况，但是因为初中课本和练习册里出了太多关于平行线的题目，所以才会有很多同学误以为“只要是同位角就相等”。

在考试的证明题中一定要注意，不能写“同位角相等”，而是要写“平行线的同位角相等”。

相互交错的角

接下来说说内错角。“错”指的是交错。

定义 内错角

如右图所示，当两条直线同时被第三条直线所截时，

$\angle a$ 与 $\angle g$、$\angle b$ 与 $\angle h$

这样处于交错位置的角叫作内错角。

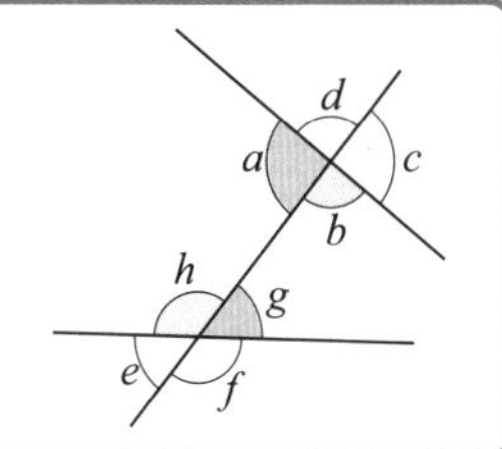

英语中内错角的俗称是“Z angle”，在图中画一个“Z”字形，刚好包含了 $\angle a$ 与 $\angle g$。但不要忘记，$\angle b$ 与 $\angle h$ 也是内错角。

同样地，同位角也叫作“F angle”，是不是有些明白了。

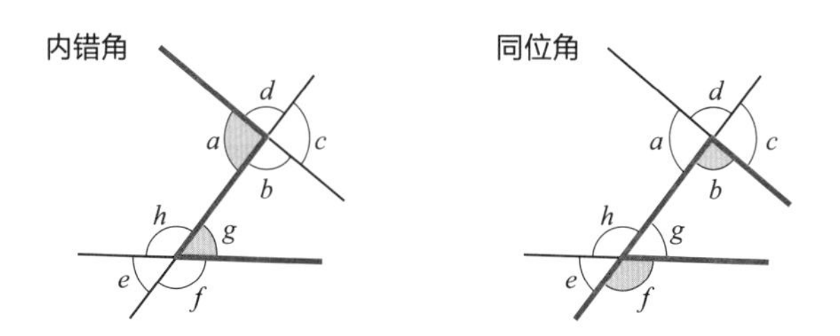

前面已经强调过了同位角不一定相等，内错角也是，在绝大多数情况下内错角并不相等。只有在两直线平行时，内错角才会相等。

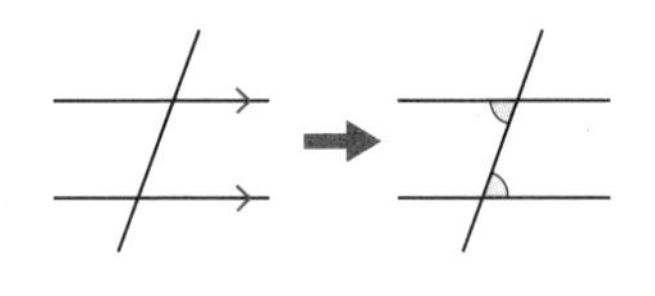

两条平行线被第三条直线所截时，内错角相等。

 位于同一侧的、内侧的角

最后来说说“同旁内角”。

定义 同旁内角

如右图所示，当两条直线同时被第三条直线所截时，

$\angle a$ 与 $\angle h$、$\angle b$ 与 $\angle g$

这样处于截线同侧且在被截线之内的角叫作同旁内角。

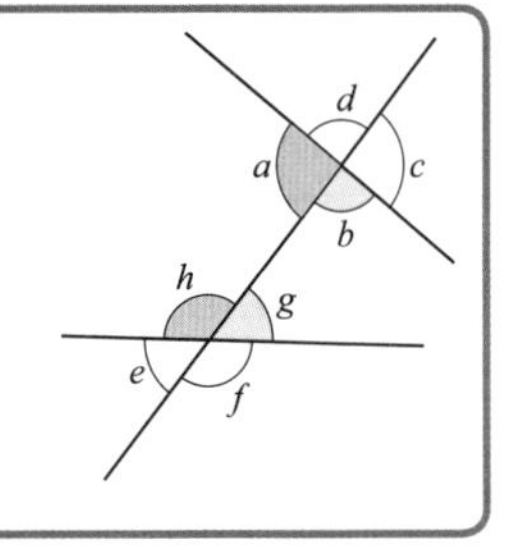

“同旁”是指位于第三条直线（截线）的同一侧，“内”则是指位于两条被截直线之间。

已知当两条直线平行时，同位角和内错角相等，那么同旁内角呢?

即便是两条平行线的同旁内角也并不相等，但它们具有以下关系：

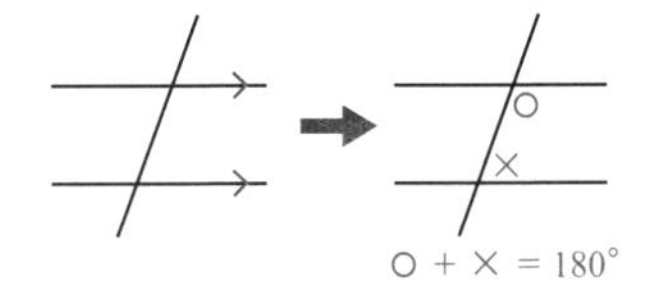

两条平行线被第三条直线所截时，同旁内角互补。

那同旁内角可以用什么字母来代表呢？没错，就是“C angle”。

不过这个叫法是我自创的，没有其他人用过。

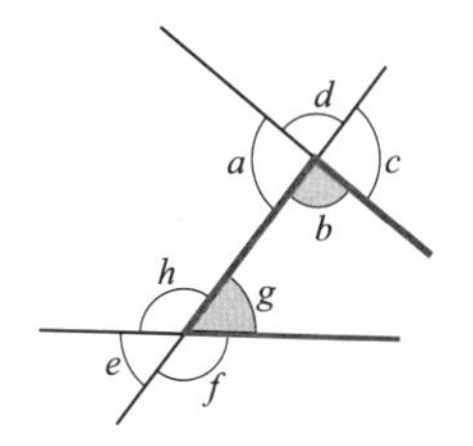

最后我们将重点总结为了定理 2，其证明在后面会讲到。

定理 2 平行线的性质

当一条直线与两条平行线相交时，

1 同位角相等。

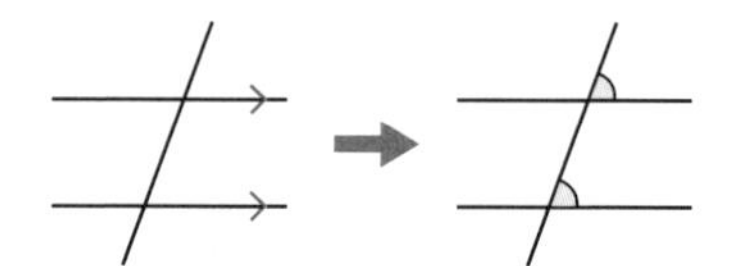

2 内错角相等。

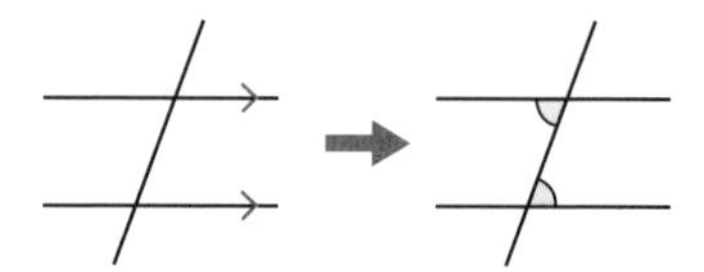

3 同旁内角互补。

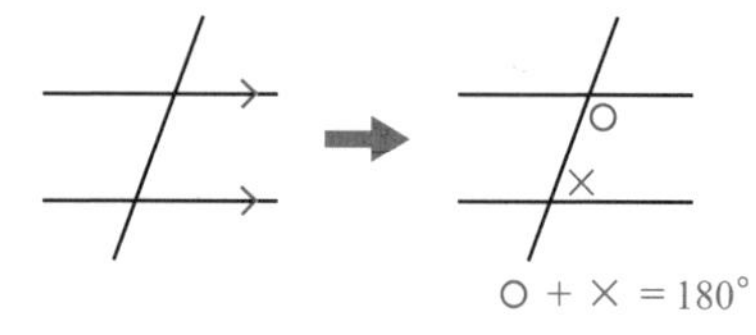

无论如何也要记住这个定理！
数学也是要背东西的！

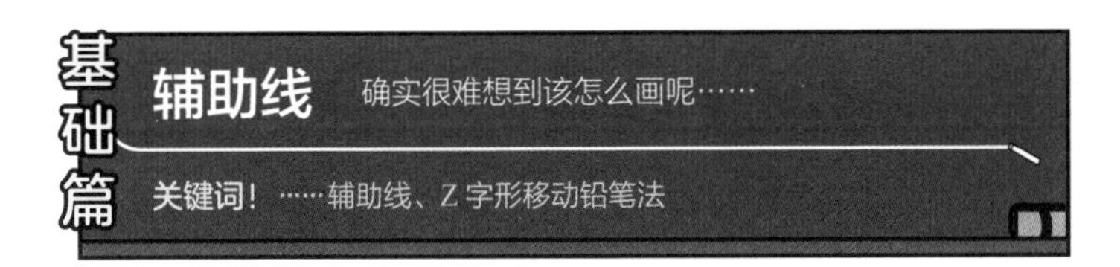

拨开难题的浓雾

有一道与平行线相关的题常常出现。

【题目】

如图所示，当 $AB \parallel CD$ 时，求 $\angle x$ 的大小。

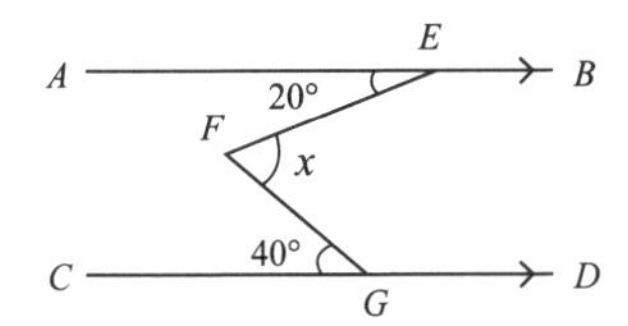

我第一次看到这道题时，也是一头雾水，不知道该怎么做。

我思考了很长时间，最后加了条直线上去，然后一切就像是浓雾消散一样明朗了起来。

这样的线就叫作辅助线。

对这道题来说，有好几种作辅助线的方法，下面选择的是与平行线内错角相关的一种。

如右图所示，过折线拐角点 F 作直线 PQ，使其平行于直线 AB、CD。

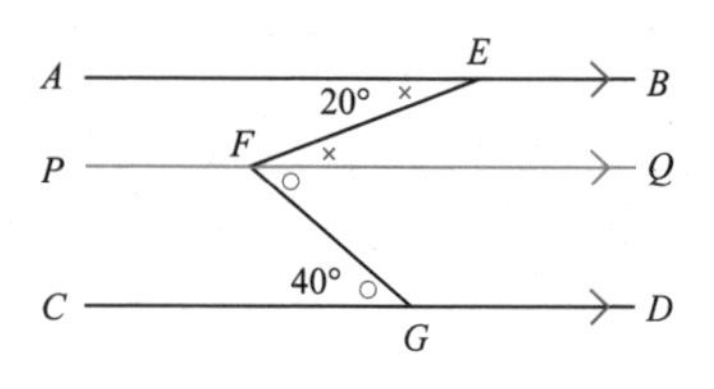

因为两平行线间内错角相等，

所以 $\angle QFE=\angle AEF$，$\angle QFG=\angle CGF$

因此，

$$\begin{aligned}\angle x&=\angle QFE+\angle QFG\\&=\angle AEF+\angle CGF\\&=20^\circ+40^\circ\\&=60^\circ\end{aligned}$$

答 60°

这道题也可以如右图所示作辅助线，大家可以自己试试看。

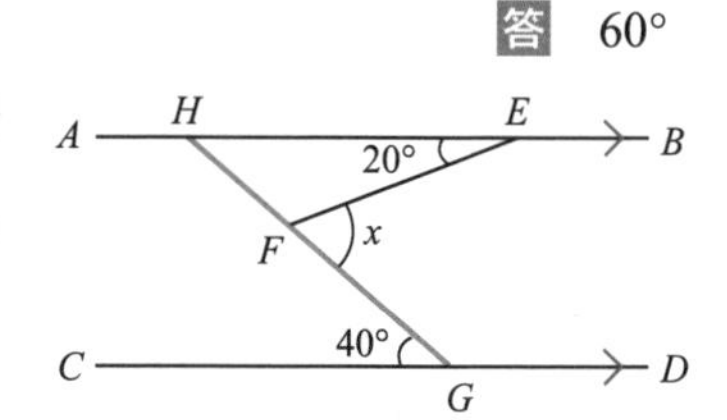

在画辅助线时，要尽量呈现出自己熟悉的图形。一般可以选择作已知直线的平行线、延长某条直线或连接两个点等。

尝试 Z 字形移动铅笔法!

下面给大家介绍“Z 字形移动铅笔法”。

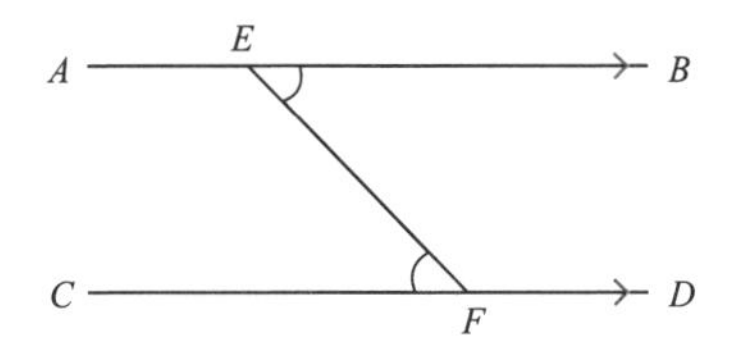

先举个简单的例子。请看上图，因为 $AB \parallel CD$，所以内错角 $\angle BEF$ 与 $\angle CFE$ 相等。用 Z 字形移动铅笔法可以印证这个结论。

【Z 字形移动铅笔法】

① 沿直线 CD 放置铅笔。此时铅笔处于水平状态。

② 将铅笔左端向上抬起至与线段 EF 重合。此时铅笔处于倾斜状态。

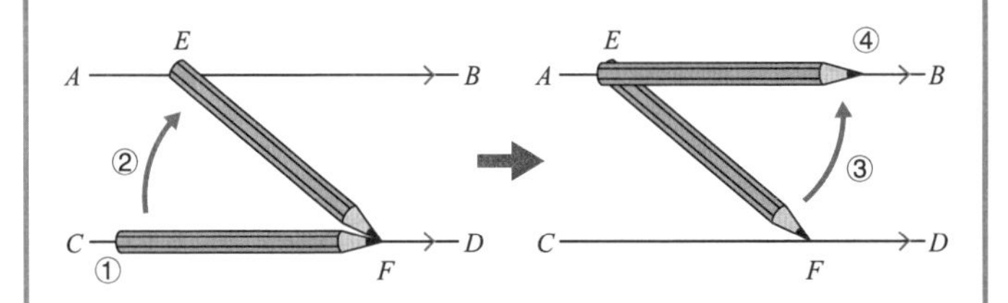

③ 接下来，将铅笔右端向上抬起至与直线 AB 重合。

④ 铅笔重新回到了水平状态。

整个过程中，铅笔移动的顺序是：

水平→左端抬起→右端抬起→水平

原本处于水平状态的铅笔，经过左端、右端两次抬起后，又回到了水平状态。

这是为什么呢？

因为左端抬起时的角度等于右端抬起时的角度。这是必然的，因为两平行线间内错角相等。

那如果用 Z 字形移动铅笔法来解决本节开头的题目呢？

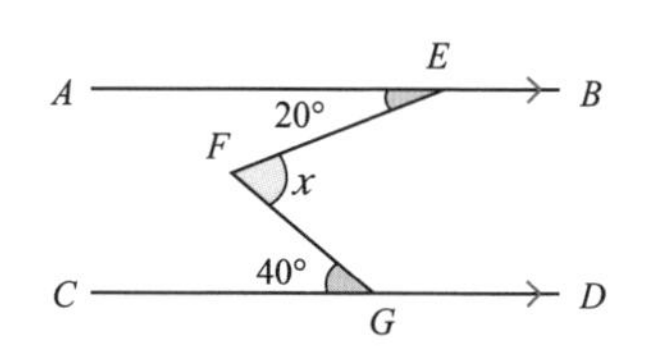

首先沿直线 CD 放置铅笔，然后铅笔移动的顺序是：

水平

→左端抬起至与 FG 重合（40°）

→右端抬起至与 FE 重合（$\angle x$）

→左端抬起至与 AB 重合（20°）

→水平

从水平到水平。从图上来看，在这个过程中，铅笔左端抬起的角度（40° 与 20°）之和应该等于右端抬起的角度（$\angle x$）。

也就是说，

$$40° + 20° = \angle x$$

所以 $\angle x=60°$ 。这就是 Z 字形移动铅笔法，好用吧！

让转弯来得更猛烈些

那下面这道题呢？

折线的拐角相当多。不过通过前面的铺垫，相信你现在一定信心满满！

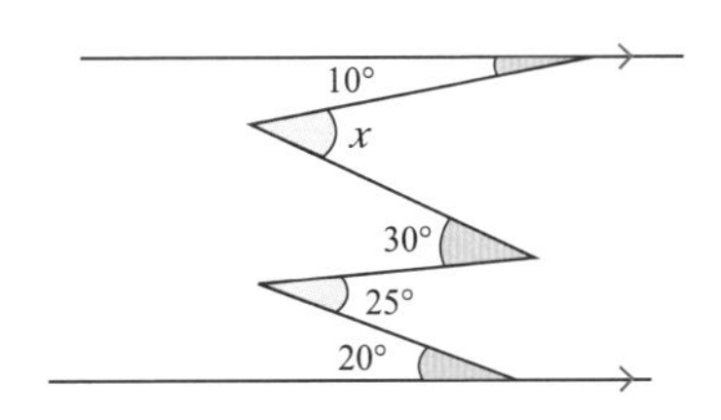

左端抬起的角度之和……$20° + 30° + 10°$

右端抬起的角度之和……$25° + \angle x$

所以 $\angle x=35°$ 。

再下面这道呢？

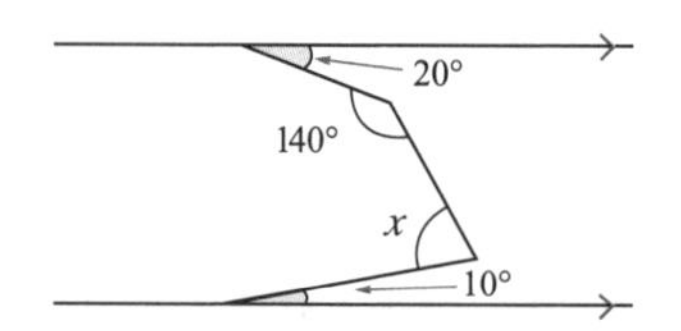

这道题不能直接用 Z 字形移动铅笔法解决，需要如下图所示，作出 140° 角的补角，大小为 40° 。

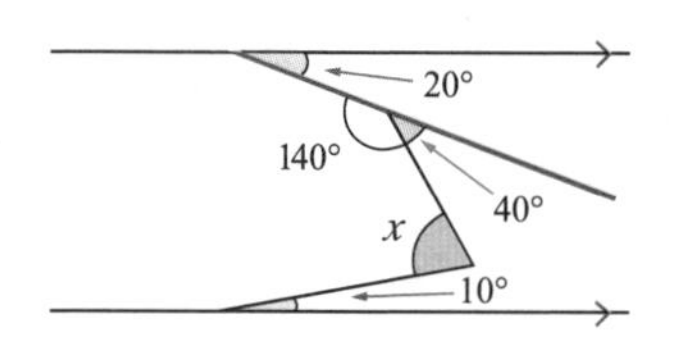

左端抬起的角度之和…… $\angle x$

右端抬起的角度之和…… $10° + 40° + 20°$

所以 $\angle x = 70°$ 。

这种题目在初中数学练习册上经常出现，可以多多使用 Z 字形移动铅笔法求解。

平行线的判定条件 如何调解水火不容的两个人？

关键词！……平行、平行线的判定、反证法

到底什么是平行？

在进入本节内容之前，我们先来复习一下平行的相关内容。

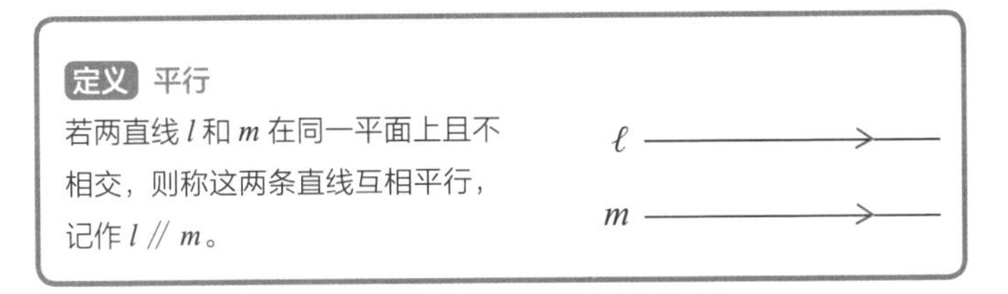

定义 平行

若两直线 l 和 m 在同一平面上且不相交，则称这两条直线互相平行，记作 $l \parallel m$。

可能有人会觉得这样的定义没有必要，但就像我们在公理那一节所讲的那样，有些世界里是根本不存在平行的。

讨论平行的前提是要在平面上。

而平面几何的基础，则建立在以下公理之上。

> **公理 5** 平行公理
>
> 过直线外一点，有且只有一条直线与这条直线平行。

如何证明平行?

那么，如何才能证明两直线平行呢?

这里我们用到的是平行线判定定理。

要想判断两条直线是否平行，只要找到它们之间的同位角、内错角和同旁内角，然后对照以下条件即可。

定理3 平行线的判定条件

当一条直线同时与两直线相交时，

1 若同位角相等，则两直线平行。

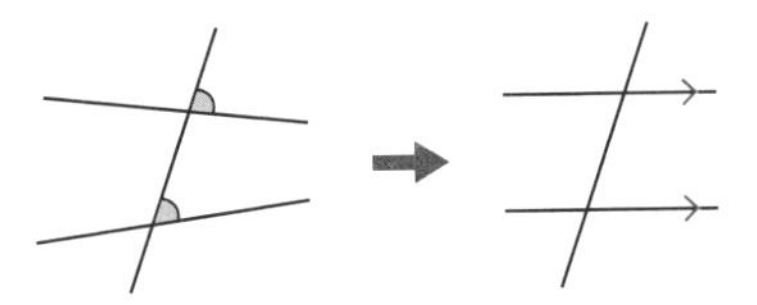

2 若内错角相等，则两直线平行。

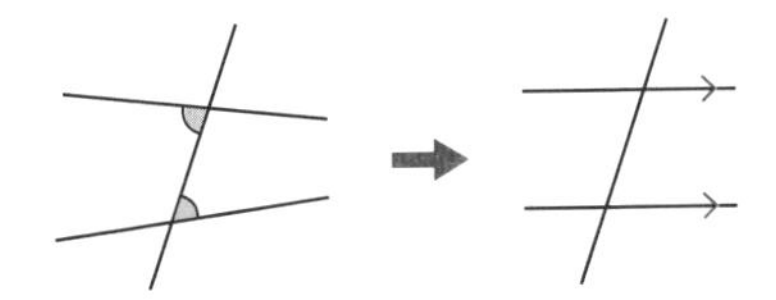

3 若同旁内角互补，则两直线平行。

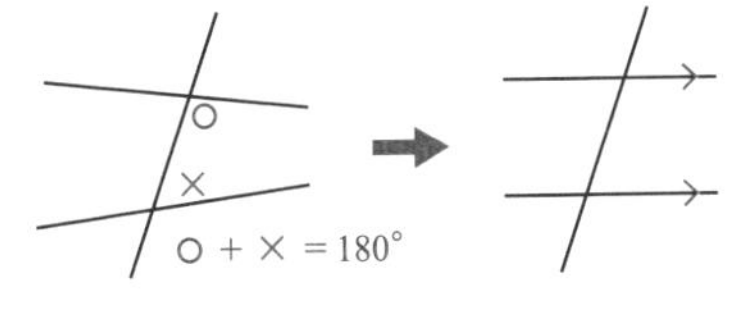

内错角相等，两直线平行

平行线判定定理使用范围很广，但课本却极少涉及它的证明过程。所以我们以定理 3 ❷为例，来做一下证明。开始之前，先复习一下公理 1。

> **公理 1**
>
> 过不同两点，能且只能作一条直线。

下面是证明过程，非常麻烦，要用心看。

【条件】在平面上，直线 EF 分别交直线 AB、CD 于点 P、Q，$\angle APQ=\angle DQP$（内错角相等）。

【结论】$AB \parallel CD$

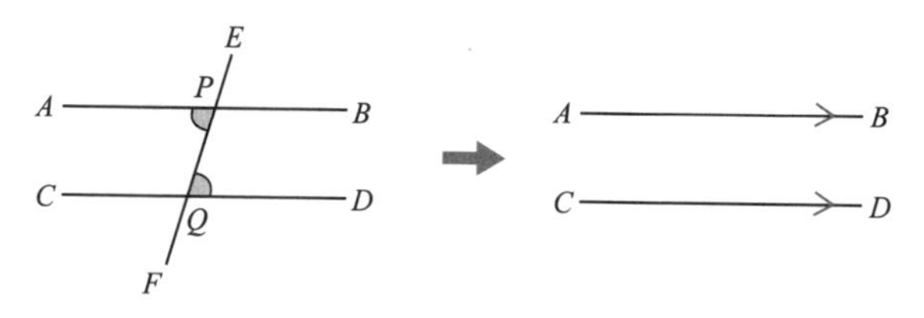

【证明】

假设射线 PA 与射线 QC 交于点 R。

将△ RPQ 旋转 180°，使得 PQ 与 QP 重合。

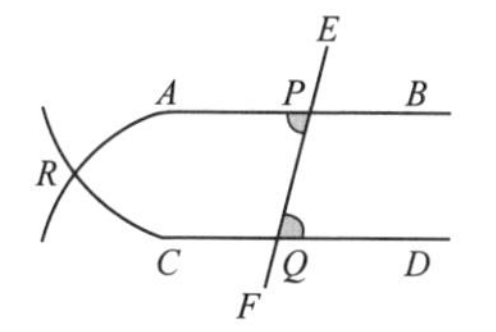

因为 $\angle APQ=\angle DQP$，所以 PR 落在直线 QD 上。同理可知，QR 落在直线 PB 上。所以点 R 同时落在直线 PB、QD 上，由此可知 PB、QD 之间有交点，设为 S。

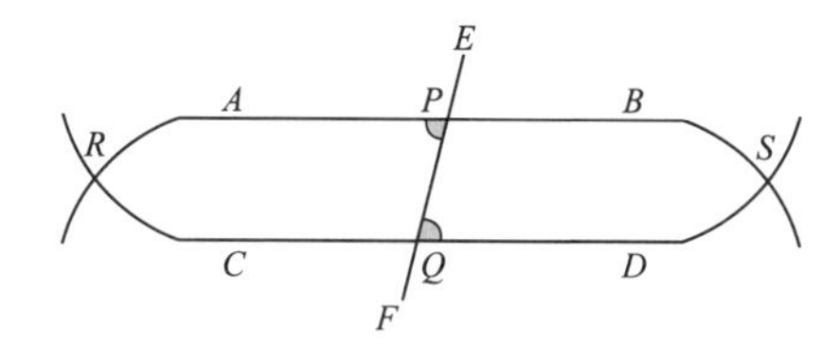

$RABS$ 与 $RCDS$ 都是直线，也就是说过相异两点 R、S 存在两条直线，这与公理 1 矛盾。

因此射线 PA 与射线 QC 不会相交。

同理可知，若射线 PB 与射线 QD 相交，也会得到与公理 1 矛盾的结论。所以直线 AB 与 CD 不会相交。

即 $AB \parallel CD$。 ■

“内错角相等，两直线平行”的否定是“内错角相等，两直线相交”。先假设两直线相交，这样一来就能形成一个三角形，将它旋转 180°，就能在相反方向再找到一个两直线的交点。于是就会出现过相异两点的两条直线，这与公理 1 矛盾，因此假设不成立，故两直线平行。这就是证明的整体思路。

当作“电视遥控器”来用!

这个证明用到的是“反证法”。这种方法要先假设结论不成立，再推导得出矛盾，以此来证明原结论正确。这对刚接触几何的初学者来说有点难度，所以我们还是暂时将该定理看作“电视遥控器”。

先不要去想它是如何证明的，只要接受它，利用它的结论就可以了。就像“三角形内角和为 180° ”“球的体积公式”一样，记住就好。

一旦克服了定理 3 ❷的证明难题，剩下的❶和❸也就得来全不费工夫了。大家加油!

反证法的又一次应用!

接下来我们试着用反证法证明一下定理 2 ❷，过程中要用到定理 3 ❷。

定理2 2

当一条直线与两条平行线相交时，内错角相等。

【证明】

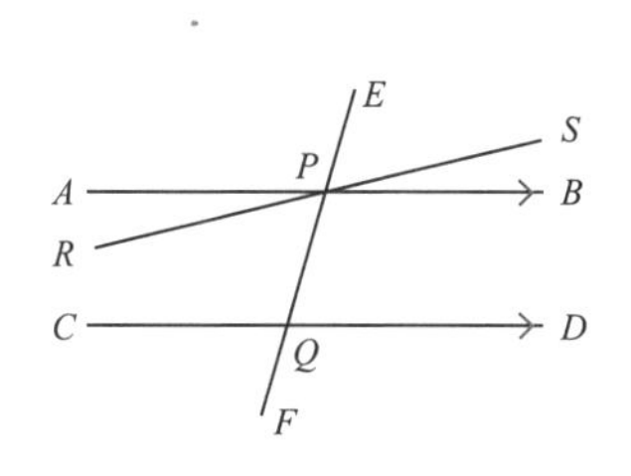

直线 AB 与 CD 平行，EF 交两直线于点 P、Q，

假设 $\angle APQ \neq \angle DQP$（内错角不相等），

则可以作直线 RS，使得 $\angle RPQ = \angle DQP$

此时，由定理 3 **2** 可知，

$RS \parallel CD$

故过直线 CD 外一点 P 有两条直线与之平行，这与平行公理相矛盾，故而假设不成立。

因此 $\angle APQ = \angle DQP$。■

基础篇

三角形的内角和

既有学过的旧定理，也有新出场的“天使之翼”！

关键词！……内角和、天使之翼定理

 三角形的内角和等于 180°

终于来到了大家熟悉的定理。

定理 4 三角形的内角和

三角形的内角和等于 180°。

世界上有那么多三角形，但所有三角形的内角和都是 180°！有没有觉得很神奇？不过相对于今后要见到的许多个定理，这只是个开胃菜而已。话不多说，来看看它的证明过程。

【证明】

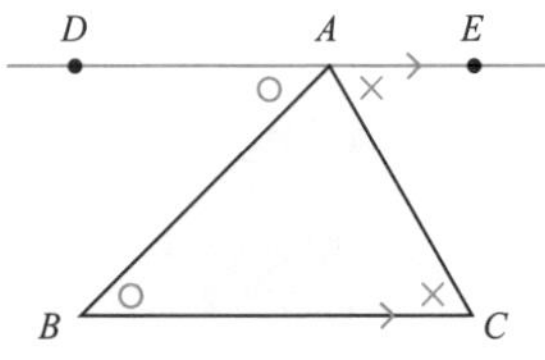

过顶点 A 作直线 $DE \parallel BC$。

由于 $BC \parallel DE$，所以内错角相等，

即 $\angle B = \angle DAB$，$\angle C = \angle EAC$。

因此，$\triangle ABC$ 的内角和为

$\angle BAC + \angle B + \angle C = \angle BAC + \angle DAB + \angle EAC = \angle DAE$。

由于 D、A、E 三点在同一直线上，所以 $\angle DAE = 180°$。■

在证明那一节中我们说过，即便列出 1000 个三角形，算出它们的内角和都是 180°，也不能保证第 1001 个三角形内角和也是 180°。这就是归纳法的局限性。

但刚刚的证明过程，建立在我们已经掌握的定理之上，是适用于所有三角形的。这就是演绎法的厉害之处。

通过初中数学，我们不仅能证明三角形的内角和是 180°，还能了解证明本身是如何进行的。今后大家要慢慢习惯。

“天使之翼定理”出场！

先来看看我眼中的“天使之翼”问题吧，虽然我也没见过天使……

【题目】

如右图所示，点 E 为直线 AD 与 CB 的交点。当 $\angle A=80°$，$\angle B=40°$，$\angle C=90°$ 时，求 $\angle D$ 的大小。

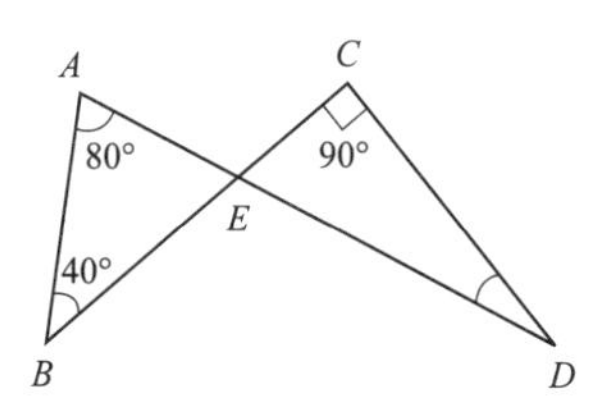

要解这道题，不需要求 $\angle AEB$

或$\angle CED$的大小。因为它们是对顶角，大小一定相等（定理 1）。

根据定理 4“三角形的内角和等于 180°”可知，

$$\angle A+\angle B=\angle C+\angle D$$

即 $$80^\circ+40^\circ=90^\circ+\angle D$$

$$\angle D=30^\circ$$

答 30°

这个规律可以总结为“天使之翼定理”。

定理 5 天使之翼定理

如右图所示，点 E 为直线 AD、CB 的交点，则

$$\angle A+\angle B=\angle C+\angle D$$

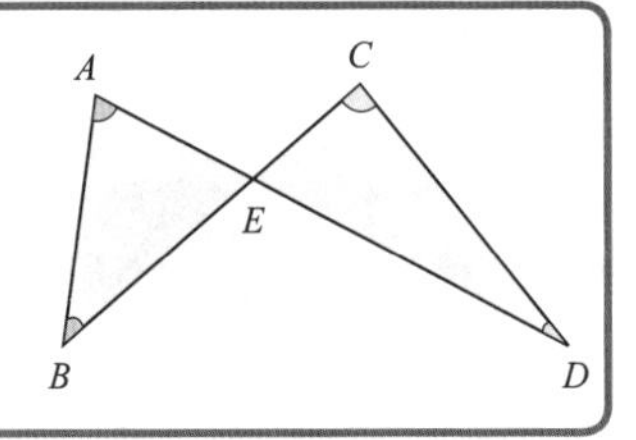

$\triangle ABE$和$\triangle CDE$可以看作是天使的两个翅膀。

基础篇 三角形的外角性质

我斗胆称之为“拖鞋定理”。

关键词！……外角、不相邻内角、拖鞋定理

三角形的外角

先来熟悉一下“外角”这个概念。有很多人就是因为对它的定义模糊不清，才在证明过程中晕头转向的。

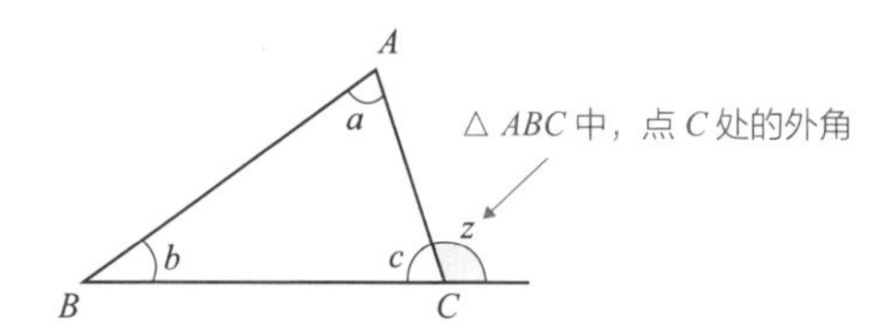

延长$\triangle ABC$的BC边，形成$\angle z$。此时，$\angle z$就是$\triangle ABC$在点C处的外角。从图中可知，$\angle c+\angle z=180^\circ$，这样的两个角互为补角。

※ 参考：在上图三角形中，$\angle a$和$\angle b$是$\angle z$的不相邻内角。

试求三角形的外角！

接下来在上图中填上具体的数字看看吧。

【题目】

已知$\angle a$=80°，$\angle b$=30°，求$\angle z$大小。

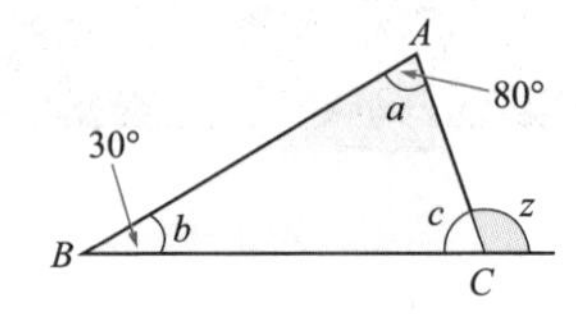

很简单对吧。

有人会选择如下解法：

① 求$\angle a$与$\angle b$之和。

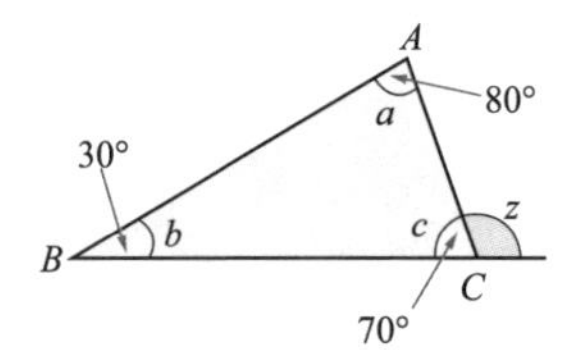

$\angle a+\angle b=110°$

② 求$\angle c$。

三角和内角和为 180°，所以

$\angle c=180°-(\angle a+\angle b)$

$=180°-110°$

$=70°$

③ 由$\angle z$为$\angle c$外角可知

$\angle z=180°-\angle c$

$=180°-70°$

$=110°$

那个方法太麻烦了!

答案是 110°，错肯定没错，但太麻烦了。大家仔细观察一下，就会发现步骤①和③中都出现了 110°。

这里给大家介绍以下定理!

定理 6 三角形外角性质

三角形的一个外角等于与它不相邻的两个内角的和。

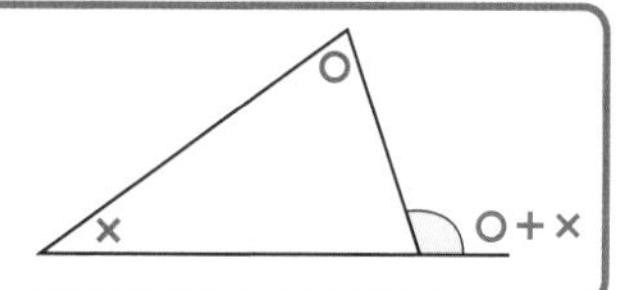

【证明】

三角形内角和为 180°，所以

$\angle a+\angle b=180°-\angle c$………①

$\angle c$ 与 $\angle z$ 互为补角，所以

$\angle z=180°-\angle c$………②

由①、②式可知，

$\angle z=\angle a+\angle b$。 ■

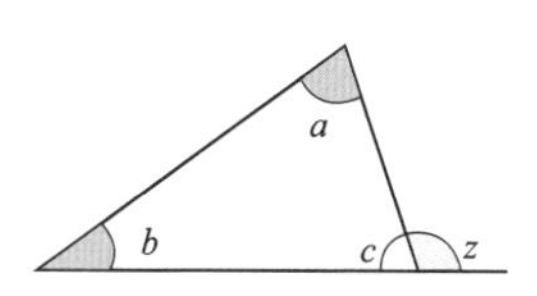

也就是说，$\angle a$ 与 $\angle b$ 之和等于 $\angle z$，感受到其中的美妙了吗？这样一来，之前需要三步解决的问题就能一步到位了！是不是像魔法一样！所以要求 $\angle z$ 的大小，根本不用管什么 $\angle c$。

这幅图形似拖鞋，所以我把这个定理称为“拖鞋定理”。

请多多使用“拖鞋定理”！

虽然定理 6 的配图看起来很像拖鞋，但在实际问题中，它很可能会改变方向或形态。这就要求我们具备敏锐的观察力，能在复杂的图形中精准地找到“拖鞋”的形状。

再来一题，求下图中 $\angle x$ 的大小。

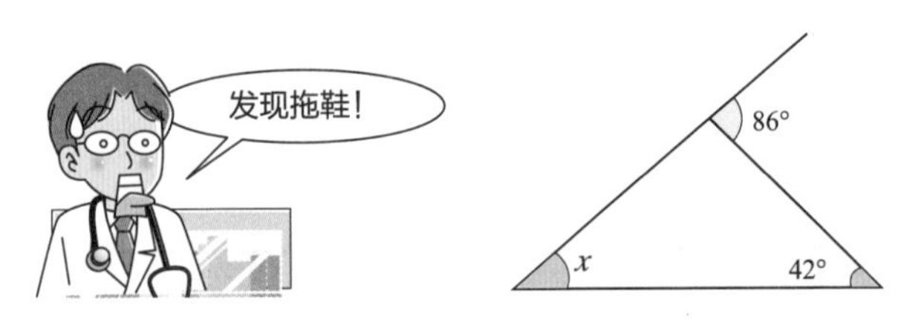

看出来了吗？

没错，$\angle x+42^\circ=86^\circ$，所以$\angle x=44^\circ$。瞬间就能完成计算。

我常常和学生说，在初中学习的所有定理中，拖鞋定理是第二容易忘的。

“那第一容易忘的呢？”

“秘密！”

这里聊两句题外话。有学生在学完拖鞋定理之后，还是按照之前的三步来求外角。我一开始以为他是没有看出来图里的“拖鞋”，就从旁建议，没想到他说，

“我知道那个方法，但我就是想这样做！”

好在最后他还是开始用拖鞋定理了。学生们就是这样，在没有亲身体会到新方法的方便之前，是不会轻易接受的。

有这种态度本身倒不是坏事。只是几何学发展到今天，经历了漫长的时间，留下的都是最便捷的方法。所以请大家理解、感受，并多多使用这些方法吧！

基础篇

多边形的内角和

举一反三，从三角形的内角和到一百边形的内角和。

关键词！……⏢、□、内角和、分割

给四边形命名

顶点为 A、B、C 的三角形，可以记作△ABC。那四边形的符号呢？经常有人问我这个问题。

目前我见过的有⏢和□两种。⏢既不是平行四边形，也不是梯形，是一种不规则的四边形。□看起来是正方形，但可以用来表示所有的四边形。

所以顶点为 A、B、C、D 的四边形，可以记作⏢ $ABCD$ 或□$ABCD$，比起“四边形 $ABCD$”来说要方便得多。但它们的用法并不十分普及，所以本书中还是记作“四边形 $ABCD$”。

给如右图所示的四边形命名时，一定要按照顺时针或逆时针顺序，叫它四边形 $ABCD$ 或四边形 $CBAD$，其中顺时针顺序更常见。

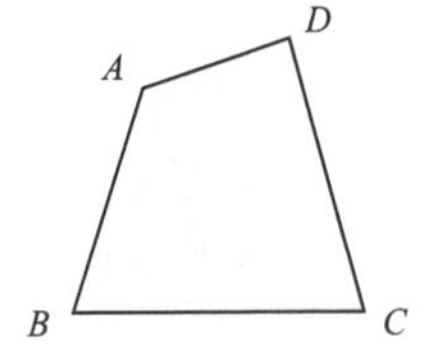

但一定要有顺序，不能随意乱排。

像上图中的四边形就不能叫作四边形 *ABDC*。

代表五边形和六边形的符号我还没有见过，一般用五边形 *ABCDE* 或六边形 *ABCDEF* 来表示它们。

四边形的内角和

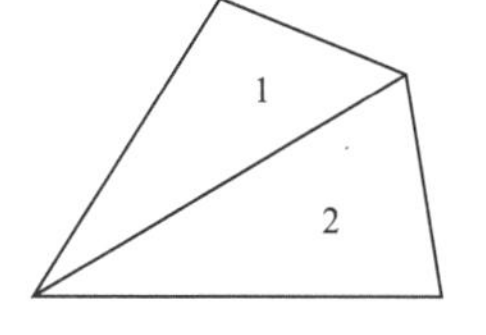

大家都知道，四边形的内角和等于 360°。

证明很简单，只要作四边形的一条对角线，将四边形分割为两个三角形就可以了。三角形的内角和是 180°，四边形的内角和就是它的两倍，即 360°。

> **四边形的内角和**
>
> 四边形的内角和等于 360°。

用对角线分割！

再来看看五边形、六边形和七边形怎么分割。确定一个顶点之后，从该顶点出发，能将多边形分割为数个三角形。

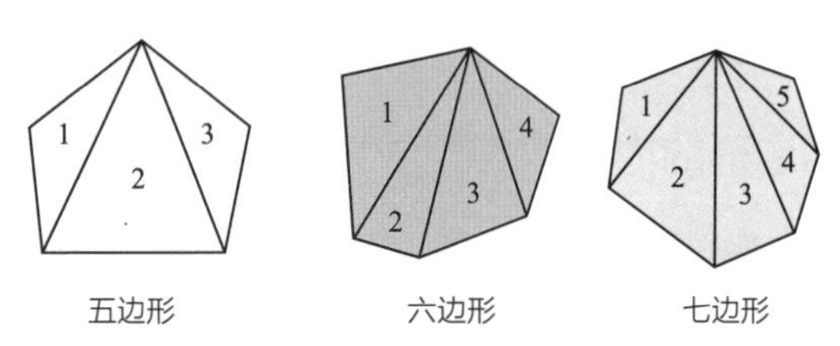

五边形　　六边形　　七边形

五边形……3 个三角形

六边形……4 个三角形

七边形……5 个三角形

以此类推，n 边形一般可以分割为（$n-2$）个三角形，内角和可以表示为 180° ×（$n-2$）。

定理 7　多边形的内角和

多边形的内角和为 180° ×（$n-2$），其中 n 为边数。

将 $n=9$ 代入计算，

$$180°\times(9-2)=1260°$$

可得九边形的内角和为 1260°。如果是正九边形，

$$1260°\div 9=140°$$

你会发现每个内角都是 140°。

放射状分割!

求 n 边形的内角和还有另一种方法。

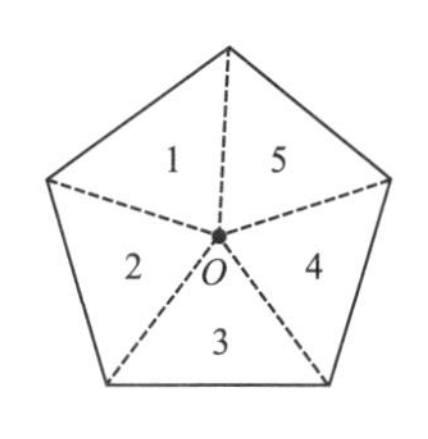

取多边形内的一点，与各个顶点相连，形成放射状。这样可以将五边形分割成 5 个三角形，六边形分割成 6 个，n 边形则分割成 n 个。

由于三角形内角和为 180°，所以 n 个三角形的内角和就是 $180°\times n$。但中心点周围的角（合起来为一个周角）并不包含在内角中，需要减去，最终得到 n 边形的内角和为：

$$180°\times n-360°=180°\times(n-2)$$

基础篇

狐狸定理

这形状实在太像狐狸了。

关键词！……狐狸定理

狐狸定理出场！

利用定理 5“天使之翼定理”和定理 6“拖鞋定理”能够快速解决求角度问题。

这里再介绍一个好用的方法。

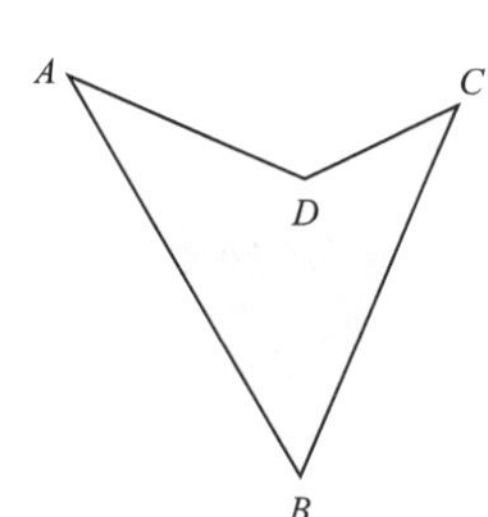

在求角度问题中，经常会出现如右图所示的图形。

觉不觉得有点像什么？

我看到这个形状，一下就想起了生活在北海道的北方狐狸，所以我就叫它狐狸形状了。

这个图形具有一个小小的特殊性质。

如右图所示，它头顶用双线标出的角，大小刚好等于它左右耳和鼻子的角度之和。我把这个规律称为“狐狸定理”。

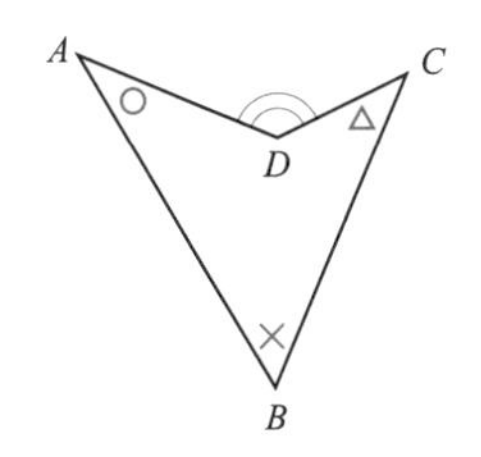

定理 8　狐狸定理

在右上图的四边形 $ABCD$ 中，

$$\angle ADC=\angle A+\angle B+\angle C$$

狐狸定理的证明

下面就是证明了。通过画不同的辅助线，可以有多种不同的证明方法，大家也可以找找还有没有其他的证明方法。

【证明 1】

延长 AD，与 BC 交于点 E，由三角形外角定理（拖鞋定理）可知，

$$\angle A+\angle B=\angle DEC,$$

$$\angle DEC+\angle C=\angle ADC,$$

所以 $\angle A+\angle B+\angle C=\angle ADC$。■

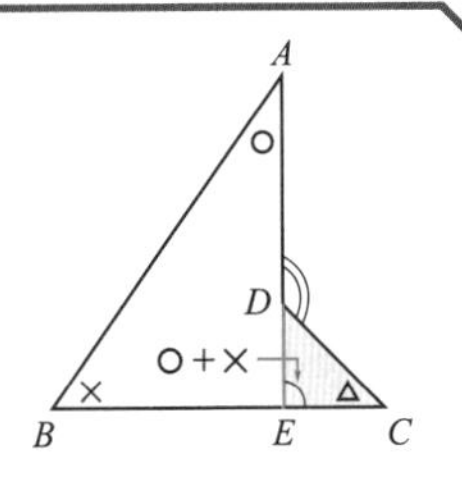

【证明2】

取射线 BD 上的一点 E。

由三角形外角定理可知，

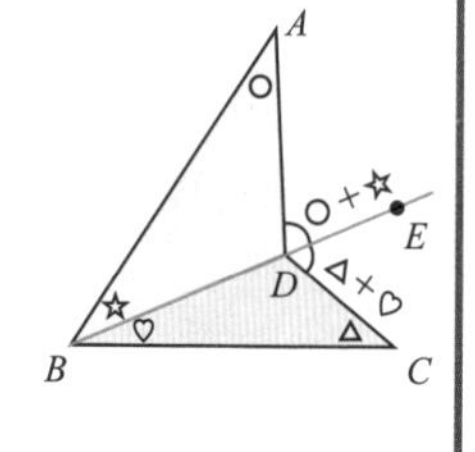

$\angle A+\angle ABD=\angle ADE$ ……①

$\angle CBD+\angle C=\angle CDE$ ……②

将①、②式两边分别相加，则

$$\angle A+\angle ABD+\angle CBD+\angle C=\angle ADE+\angle CDE,$$

所以 $\angle A+\angle B+\angle C=\angle ADC$。 ■

【证明3】

过点 D 作 AB 的平行线 EF，与 BC 交于点 E，则

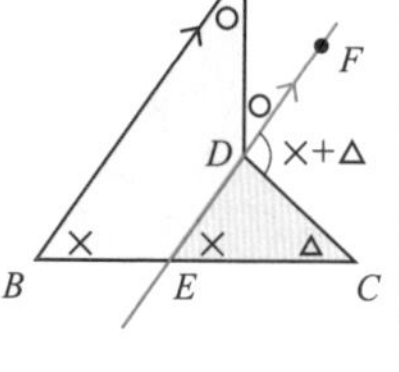

$\angle A=\angle ADF$ ……①（平行线内错角相等）

$\angle B=\angle DEC$ （平行线同位角相等）

$\angle DEC+\angle C=\angle FDC$ ……②（三角形的外角性质）

将①、②式两边分别相加，则

$$\angle A+\angle DEC+\angle C=\angle ADF+\angle FDC,$$

所以 $\angle A+\angle B+\angle C=\angle ADC$。 ■

注意！“狐狸定理”这个名字是我本人所起，在其他场合并不通用。

什么是多边形的外角？

前面说到了多边形的内角和，接着来讲讲外角和。从内到外，通过这样多角度的观察，可以让我们的大脑更加灵活。

以三角形为例，下图中标出的六个角就是它的外角。

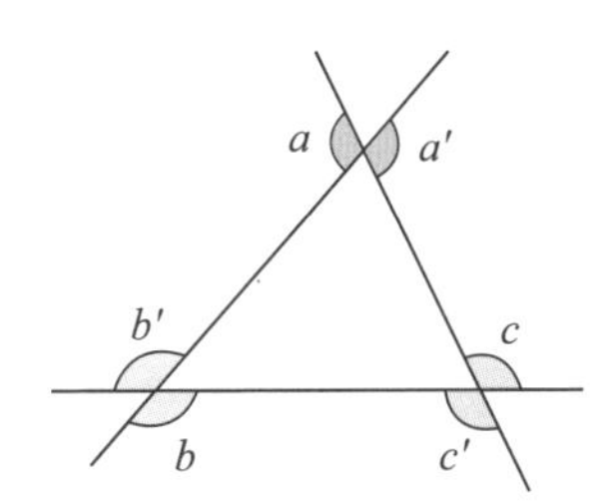

其中，$\angle a$ 与 $\angle a'$ 为对顶角，大小相等，其他两组角同理。所以要求三角形的外角和，只要分别找出这三组角中各一个角，求它们的和即可。

多边形外角和定理非常有用，我们先直接来看结论。

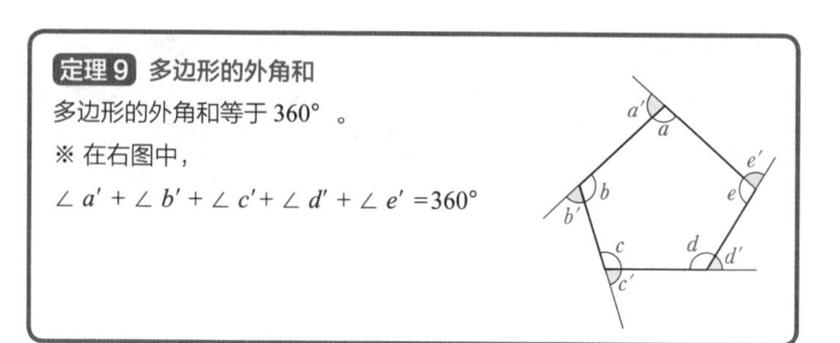

这个定理的重点在于“多边形”。也就是说，所有的三角形、四边形、五边形……外角和都等于 360°，适用范围极广。

绕一圈

这个定理如此精妙，它的证明也并不难。

每个顶点处的内外角之和都一定等于 180°（如定理 9 的配图中，$\angle a+\angle a'=180°$）。

n 边形的所有内角与外角之和就等于 $180°\times n$。减去多边形的内角和 $180°\times(n-2)$，得到的就是 n 边形的外角和。

$$\underbrace{180° \times n}_{n\text{个}180°} - \underbrace{180° \times (n-2)}_{n\text{边形内角和}}$$

$= 180° \times n - 180° \times n + 180° \times 2$

$= 180° \times 2$

$= 360°$

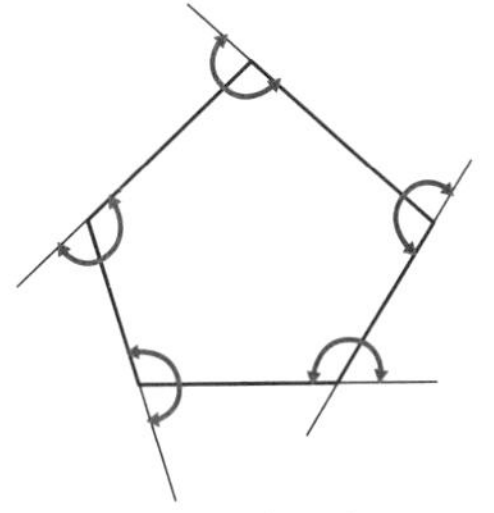

n 个顶点，就有 n 个 180°！

以上就是全部的证明过程。这样看好像有点抽象，下面换个角度看看。

假设你现在站在右图中的点 P 处，然后想象一下你绕着五边形 $ABCDE$ 走一圈，最后回到原来的位置。

在这一过程中，你每经过一个点，都要改变一次前进的方向，向左偏转一定角度。拿点 A 来说，偏转的角度是 $\angle a'$，刚好就是它的外角。点 B、C、D、E 也是一样。

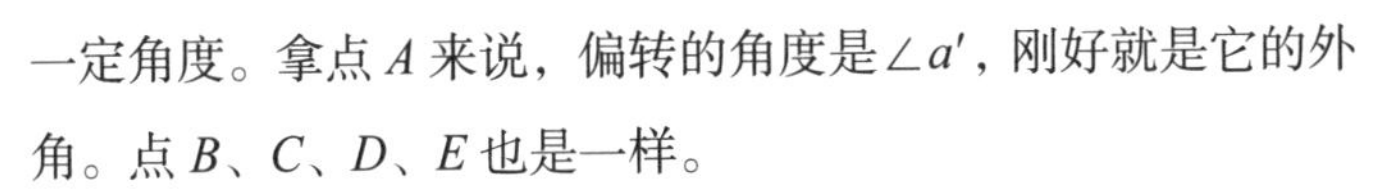

最终回到原点时，你与出发时面朝的方向是一样的。也就是说，在整个过程中，你的身体刚好旋转了一圈（360°），外角和自然就是 360° 了。

你也可以沿 EA 放上一支铅笔，用 Z 字形移动铅笔法来证明这个结论。请务必一试！

由外向内解决内角问题

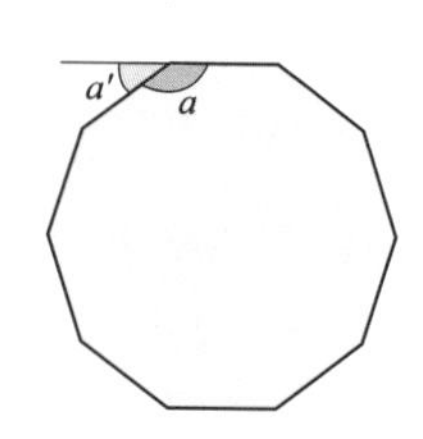

来看看下面这道题。

【题目】

求正十边形的一个内角的大小。

题目问的是内角，但我们可以从外角入手。

所有多边形的外角和都是 360°，正十边形也不例外。且它的 10 个外角大小相等，所以很容易就能算出每个外角的大小：

$$360° \div 10 = 36°$$

与它相邻的内角就是：

$$180° - 36° = 144°$$

答 144°

基础篇 全等 就是完全等同。

关键词！……全等、对应、全等的性质、相等问题

什么是“全等”？

全等，顾名思义就是完全等同。

> **定义** 全等
>
> 若两个图形能够完全重合，则称它们全等。

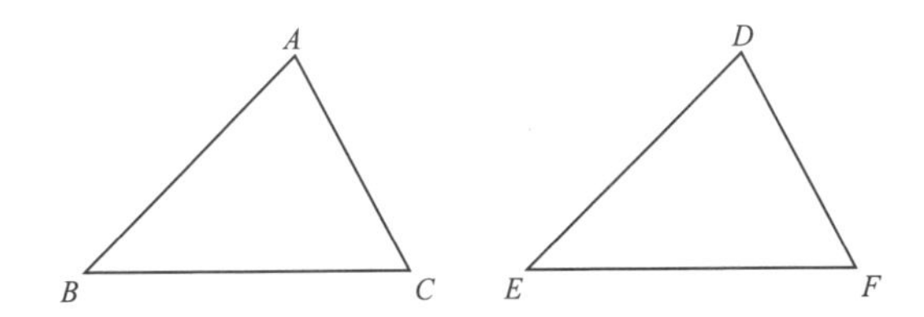

$\triangle ABC$ 与 $\triangle DEF$ 全等，可以记为 $\triangle ABC \cong \triangle DEF$（“$\cong$”读作“全等于”）。

注意！

点 A 对应的（与其重合的）是点 D，点 B 对应的是点 E。

要留心它们之间对应的顺序。

千万不能写成$\triangle ABC \cong \triangle EFD$!

如果点A在第一个，那么点D也要在第一个。

全等的性质

若$\triangle ABC$与$\triangle DEF$全等，那么其中一个三角形就可以通过平移、旋转或翻折与另一个三角形完全重合，所以对应的边和角都相等。

这就是全等的性质。

全等的性质

1 全等图形对应边相等。

2 全等图形对应角相等。

在下面两个全等图形中：

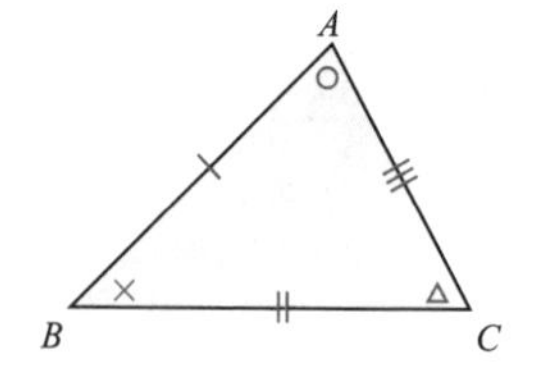

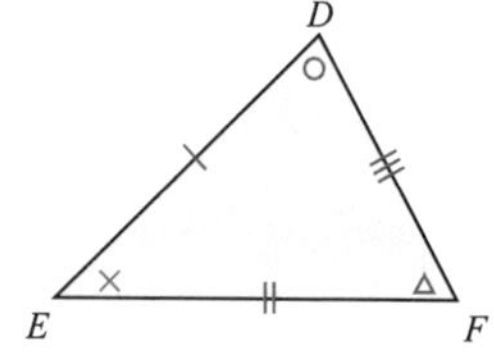

① $AB=DE$　　② $BC=EF$　　③ $CA=FD$

④ $\angle A=\angle D$　⑤ $\angle B=\angle E$　⑥ $\angle C=\angle F$

什么是“相等问题”？

在几何的学习过程中，常常会遇到让我们证明相等的题目，比如：

- 证明线段相等。
- 证明角度相等。

我把这类问题统称为“相等问题”。

我曾经专门调查过，中考题中约 8~9 成的相等问题，都要用到全等的性质。也就是说，在达到“证明相等”的最终目标前，要先达到“找出全等图形”的小目标。我把这样的小目标叫作“中间目标”。

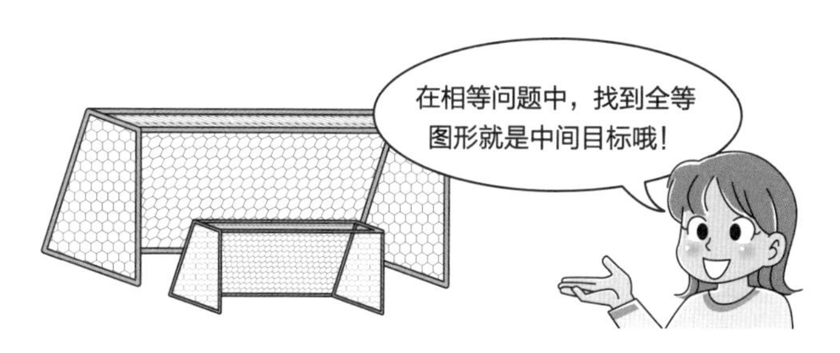

全等三角形的判定条件

全等的判定定理也是可以证明的！

关键词！……全等三角形的判定条件

如何判断三角形是否全等

假设现在有两个图形，需要你来判断它们是否全等。

从定义来看，只要它们能完全重合就是全等的。但两个图形画在同一张纸上，怎么办呢？只能把其中一个剪下来，看看能不能和另一个重合了。

画在纸上还好，如果是画在墙上呢？那就不太好办了。

所以要想一个办法，在不破坏纸张和墙壁的前提下，通过对比边和角来判断两图形是否全等。

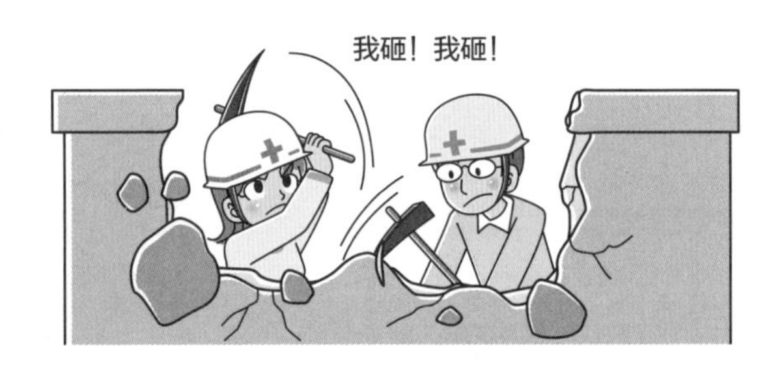

那就从最简单的三角形开始吧。

下图中的$\triangle ABC$和$\triangle DEF$，看起来就像是全等图形。但到底是不是，还要看它们每条边和每个角的对应关系。

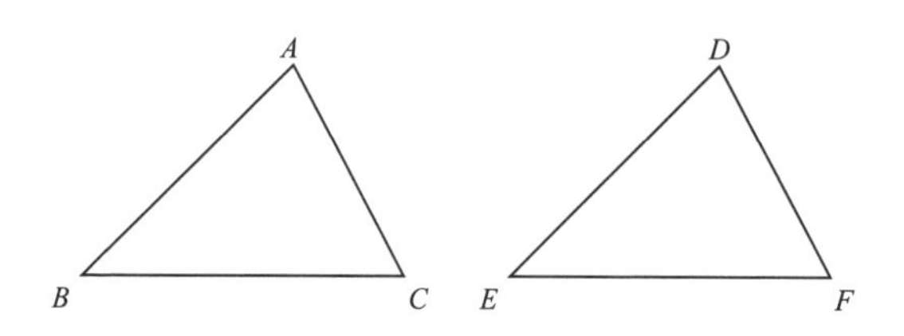

① $AB=DE$　　② $BC=EF$　　③ $CA=FD$

④ $\angle A=\angle D$　　⑤ $\angle B=\angle E$　　⑥ $\angle C=\angle F$

一共有以上 6 个关系式，如果都满足，那这两个三角形就毫无疑问是全等的了。

但我们真的有必要一一确认这 6 个对应关系式吗？现在是节能时代，我们做题也要想办法减少能量消耗才是。

三角形内角和等于 180°，所以只要④⑤成立，那⑥一定成立。

通过这样的分析，我们可以删减一些要确认的条件。

从结论上来说，只要选择得当，那么只要满足上面 6 个关系式中的 3 个就能证明全等。这样的条件叫作全等三角形的判定条件。

若两三角形符合以下任一条件，则两三角形全等。

❶ 三边对应相等。（SSS）

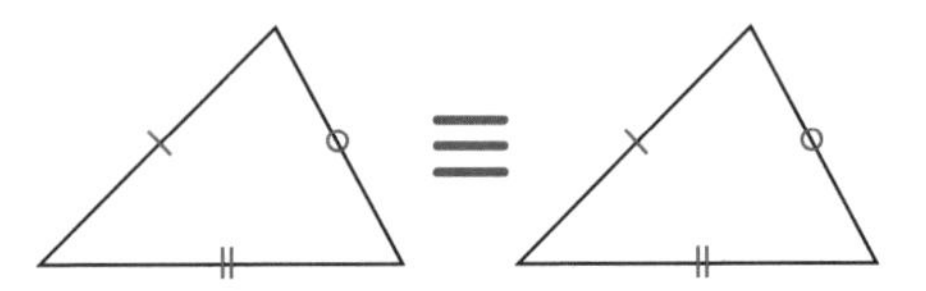

❷ 两边及其夹角对应相等。（SAS）

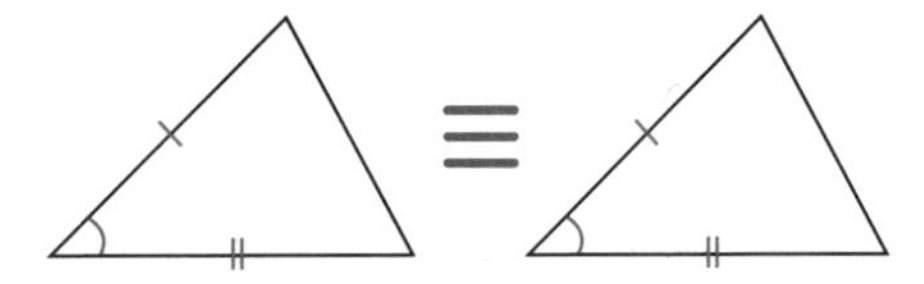

❸ 两角及其夹边对应相等。（ASA）

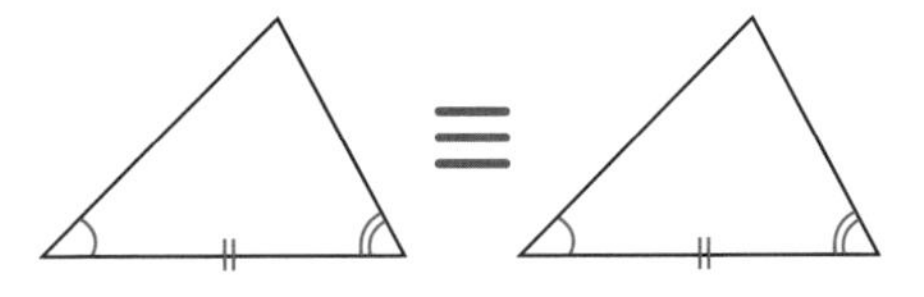

证明全等三角形的判定定理

大家有没有怀疑过，满足全等判定条件的两个三角形就一定能完全重合吗？可能很多人只是单纯地将定理死记硬背下来了吧。

事实上，三角形全等的判定定理也是可以被证明的。

下面我们以定理 10 ❷为例来进行证明。

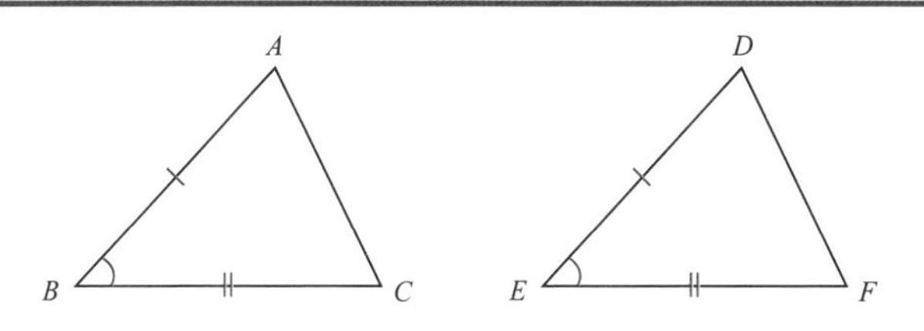

【条件】$AB=DE$，$BC=EF$，$\angle B=\angle E$

【结论】$\triangle ABC \cong \triangle DEF$

【证明】

因为 $BC=EF$，所以可以通过平移和旋转，使得 EF 与 BC 重合（点 B 与点 E、点 C 与点 F 分别重合）。

此时，若点 A 与点 D 位于直线 BC（EF）异侧，则将 $\triangle DEF$ 沿直线 BC 翻转，使点 A 与点 D 位于同侧。因为 $\angle B=\angle E$，所以射线 BA 与射线 ED 重合。

又 $AB=DE$，所以点 A 与点 D 重合。

以上，点 A 与点 D、点 B 与点 E、点 C 与点 F 分别重合。

所以 $\triangle ABC \cong \triangle DEF$。 ■

下面是判定定理 10 ❸的证明。

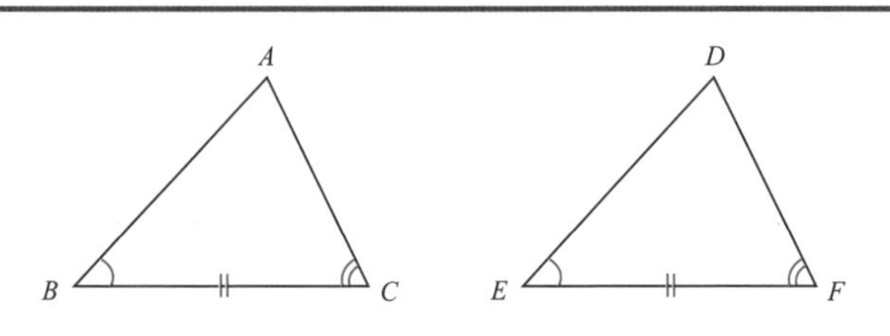

【条件】$BC=EF$，$\angle B=\angle E$，$\angle C=\angle F$

【结论】$\triangle ABC \cong \triangle DEF$

【证明】

因为 $BC=EF$，所以 BC 能与 EF 重合（点 B 与点 E、点 C 与点 F 分别重合）。

此时，若点 A 与点 D 位于直线 BC（EF）异侧，则将 $\triangle DEF$ 沿直线 BC 翻转，使点 A 与点 D 位于同侧。

因为 $\angle B=\angle E$，所以点 D 落在射线 BA 上。

又因为 $\angle C=\angle F$，所以点 D 落在射线 CA 上。

因此，点 D 与射线 BA、CA 的交点，也就是点 A 重合。

以上，点 A 与点 D、点 B 与点 E、点 C 与点 F 分别重合。

所以 $\triangle ABC \cong \triangle DEF$。 ■

用神探可伦坡的方法证明

很快就来到了本书的最后一节。

本节我们将通过实际问题，来思考证明的方法。

数学中的证明是指将已经被公认的事实作为论据，由条件（起点）推导出结论（终点）的过程。

数学中的计算，其实也是通过已经被公认为正确的论据，由条件（起点）推导出答案（终点）的过程。二者的区别在于，计算重在推导出的结果，而证明重在推导的过程。

如果将它们比作影视作品，那么计算就像《名侦探柯南》，重点在于“嫌疑人是谁”。而证明则像《神探可伦坡》或《古畑任三郎》[一]，执着于“如何确定嫌疑人”。

总结来说，计算和证明的过程看似一致，但目的却全然不同。有些不太擅长证明的人，说不定是错将自己的目标定为了柯南而非可伦坡或古畑任三郎。

论据的特点

证明中用到的论据必须是确定无误、公认正确的。

㊀ 这三部都是有名的侦探推理作品。——编者注

可以作为论据使用的内容

- 公理
- 公设（一般公理）
- 定理（已经被证明的命题）
- 假设（题目所给条件）

大概想想，可以列出以下四种。

关于论据，初学者最常犯的错误有以下 3 种：

- 将未被证明的命题作为定理使用。
- 利用题目中未给出的条件。
- 将结论当作条件使用。

尤其是初中阶段的学生，必须要在证明的时候养成习惯，不断去思考自己想要作为论据的东西是否真的符合论据的条件。这样才能避免发生以上错误。

有逻辑的思考

“有逻辑的思考”也是非常重要的一点。

为了便于理解，这里拿购物来举例。

“我想吃红豆面包！”

“那就去玩具区！”

“为什么？！”

这种莫名其妙的对话，就连相声表演里也不会出现。

当我们想买红豆面包时，应该怎么做呢？肯定是去面包店或者超市里的面包区，怎么都不会去玩具区。

我们在日常生活中经常会进行这样的逻辑思考，但一般都是无意识的，所以我们自己并没有感觉。而在证明题中，请一定要明确自己的逻辑，锻炼自己的逻辑思考能力。

下面来看几道具体的题目。

【题目】

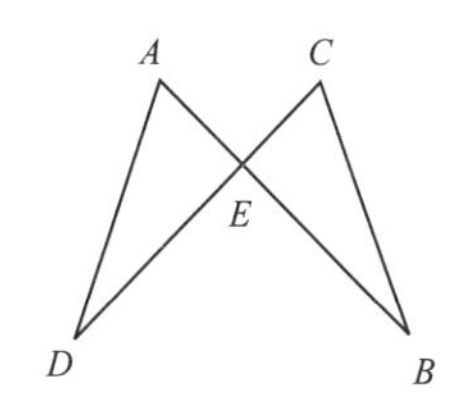

如右图所示，线段 AB 与 CD 交于点 E。

此时，若 $EA=EC$、$ED=EB$，试证明 $AD=CB$。

这是初二阶段会出现的一道证明题，比较基础。

首先来明确一下它的条件和结论，也就是证明的起点和终点。

【条件】$EA=EC$、$ED=EB$

【结论】$AD=CB$

将条件和结论标记在图中可以帮助理解，大家在没有熟练掌握证明的方法之前，最好将条件和结论分别标记在两张图上。这样能让你的思路更清晰。

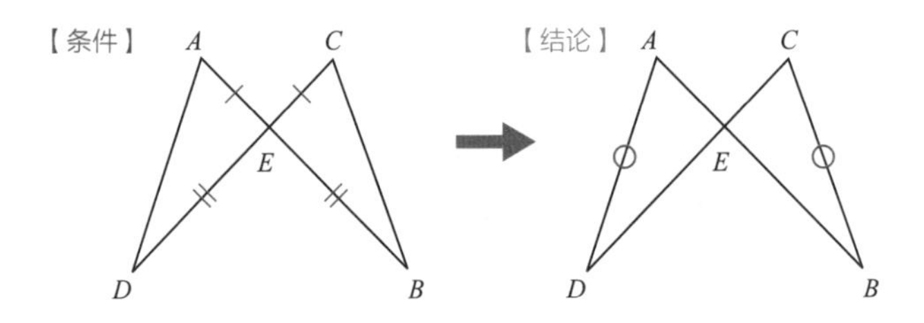

下面就到逻辑推理了！想买红豆面包，就要去面包店。

题目要证明的结论是 $AD=CB$，也就是证明线段 AD 与 CB 长度相等（是相等问题），这时应该怎么做呢？

要先找到论据，能够证明长度相等的相关论据。说到相等……

A 全等图形对应边相等。

B 有两个角相等的三角形叫作等腰三角形。

能想到的就是这两条了。想到它们的前提是记住它们，数学学习也是需要记忆的。

从题目当中的图来看，并不像是有等腰三角形的样子。

排除 B。

剩下的就是 A 了，即全等图形的性质。

要利用这一性质，首先要找到并证明两图形全等。从这道题来看，应该就是$\triangle AED$和$\triangle CEB$了（中间目标）。

这样一来，条件和结论就挂上钩了，接着就是证明过程。

【证明】

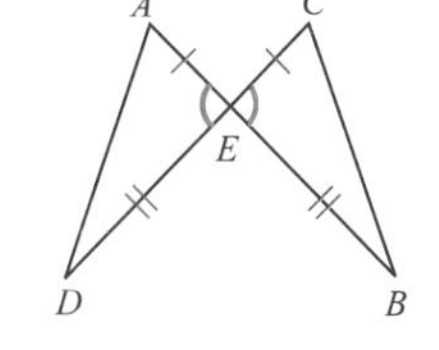

在$\triangle AED$与$\triangle CEB$中，

由条件可知，

$$EA = EC \cdots\cdots ①$$

$$ED = EB \cdots\cdots ②$$

因为对顶角相等，所以

$$\angle AED = \angle CEB \cdots\cdots ③$$

由①、②、③式可知，两三角形中两边及其夹角对应相等，所以 $\triangle AED \cong \triangle CEB$。

因为全等图形对应边相等，所以

$AD = CB$。 ■

这个证明过程是可以作为模板的。

其中的几个式子都编了号，这不是必需的，只是这样写起来更方便。

证明平行

最后一道题。

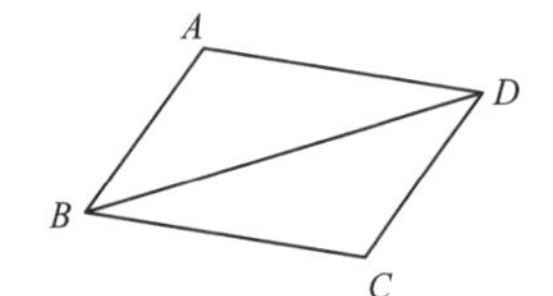

【题目】

如右图所示，在四边形 *ABCD* 中，*AB*=*CD*、*AD*=*CB*，试证明 *AB* // *DC*。

先分别画出这道题的条件图和结论图。

【条件】*AB*=*CD*、*AD*=*CB*　　【结论】*AB* // *DC*

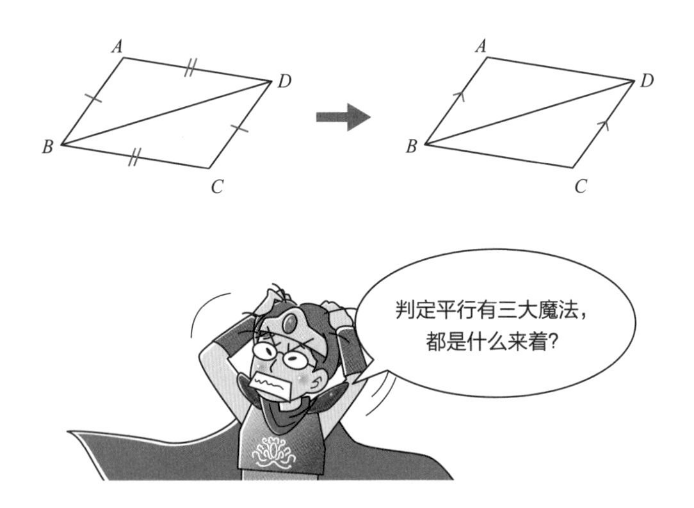

结论是 $AB \parallel DC$，即要推导出两直线平行。

说到平行，本书中提到的判定条件只有三个。

如果你能马上反应过来是哪三个，相信你在证明方面也会进步得很快。

> **定理 3** 平行线的判定条件
>
> 当一条直线同时与两直线相交时，
>
> **1** 若同位角相等，则两直线平行。
>
> **2** 若内错角相等，则两直线平行。
>
> **3** 若同旁内角互补，则两直线平行。

从题目中的图形来看，最适合的应该是定理 3 **2**，所以这道题的逻辑就出来了。

要想利用定理 3 2，就要证明内错角相等

要想证明角的相等，可以利用全等图形的性质！

为此，要先证明两个三角形全等。

这个过程看似简单，但初学者很难一下子梳理清楚。可这样的过程又很重要，因为它可以告诉学生，证明并不是从条件到结论的“单行道”，而是“双行道”，是可以进行倒推的。

下面是证明过程。

【证明】

在$\triangle ABD$与$\triangle CDB$中，

由条件可知，

$$AB=CD \cdots\cdots ①$$

$$AD=CB \cdots\cdots ②$$

公共边相等　$BD=DB \cdots\cdots ③$

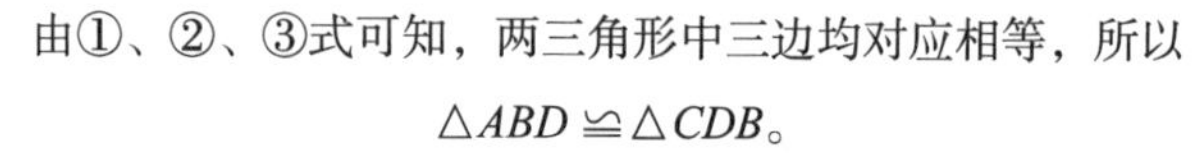

由①、②、③式可知，两三角形中三边均对应相等，所以

$$\triangle ABD \cong \triangle CDB。$$

因为全等图形对应角相等，所以

$$\angle ABD=\angle CDB，$$

由于内错角相等，所以 $AB \parallel DC$。　■

怎么样？虽然迷宫不能从出口进入，但证明却完全可以从结论开始反推，一定要掌握这个思路。

证明一定要按照以下三个步骤进行，每一步都不可或缺。证明正是这样一种需要运用综合能力才能解决的问题。

起点与终点……明确条件、结论

准备……熟练掌握定理（道具）

逻辑……了解证明的顺序、步骤

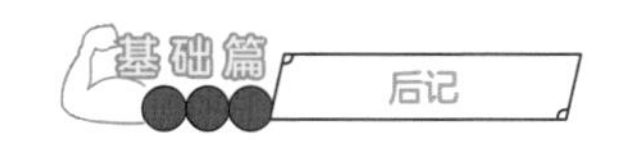

后记

最后补充一些小知识来作为后记……

关键词！……∴、∵

“∴”读作“所以”

证明当中是有一些特殊符号的。其中最有名的要数“∴”，表示因此、所以的意思。

这个符号一般放在句首使用，例如：

$\therefore\ \triangle ABC \cong \triangle DEF$

以对顶角定理的证明为例，可以改写为以下形式：

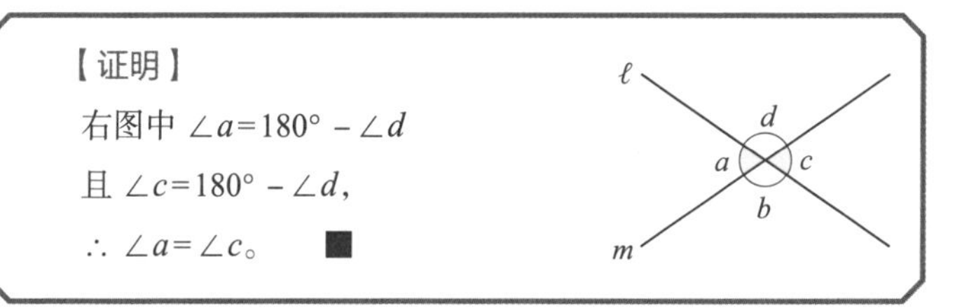

【证明】

右图中 $\angle a=180^\circ-\angle d$

且 $\angle c=180^\circ-\angle d$，

$\therefore\ \angle a=\angle c$。 ■

有一个跟“∴”很像的符号——“∵”，表原因，读作“因为”。它也用在句首。

留下酸甜回忆的∴符号

不过可惜的是，“∴”和“∵”这两个符号都没有出现在日本的初中课本里，在本书中也是第一次出现。所以肯定有很多人是第一次见到[㊀]。相反，还有一些人也许会回忆起自己的数学老师常常使用这两个符号的样子。

其实这两个符号并不会影响我们的学习，也不可能提供多么大的便利。

只是当我第一次用它们的时候，还有第一次将“∴”读作“所以”的时候，有种突然成为大人的感觉。

本书的内容到这里就全部结束了。

虽然书中有一部分内容对几何初学者来说难度较大，但还是希望各位读者能够享受其中的快乐。同时，我还为大家准备了同系列的“提高篇”，期待各位的阅读！我在书里等你。

㊀ 在中国的中学课本中是常见的符号。——编者注